U0199961

农林害虫绿色防控

——以舞毒蛾分子防控基础与应用为例

曹传旺　孙丽丽　著

科学出版社

北京

内 容 简 介

本书以著者近 15 年的研究成果为基础，结合国内外研究现状，从基因水平研究了舞毒蛾生理调控和响应逆境胁迫的关键基因功能，以及分子防控产品的研发与应用。本书主要介绍了农林害虫绿色防控的内涵及防控的主要技术，舞毒蛾生物学特性及防治研究进展，舞毒蛾细胞色素 P450、谷胱甘肽 *S*-转移酶、热激蛋白和 G 蛋白偶联受体家族基因分子靶标鉴定及功能分析，以及舞毒蛾分子防控产品的研发与应用展望。

本书可供植物保护学、森林保护学、昆虫毒理学、森林昆虫学等领域的研究人员参考，同时也适合从事森林有害生物治理相关专业的工作人员、科研人员和管理人员阅读和参考。

图书在版编目 (CIP) 数据

农林害虫绿色防控：以舞毒蛾分子防控基础与应用为例 / 曹传旺，孙丽丽著. ─ 北京：科学出版社，2025. 2. ─ ISBN 978-7-03-079206-8

Ⅰ. Q969.437.5

中国国家版本馆 CIP 数据核字第 2024G2N343 号

责任编辑：张会格　付　聪 / 责任校对：郑金红
责任印制：肖　兴 / 封面设计：无极书装

科 学 出 版 社 出版
北京东黄城根北街 16 号
邮政编码：100717
http://www.sciencep.com
北京天宇星印刷厂印刷
科学出版社发行　各地新华书店经销

*

2025 年 2 月第 一 版　　开本：720×1000 1/16
2025 年 2 月第一次印刷　　印张：10 3/4
字数：214 000

定价：128.00 元
（如有印装质量问题，我社负责调换）

前　言

　　化学农药一直是农林病虫害的主要控制手段。化学农药的大量使用不仅导致农药残留超标，引发食品安全事件，影响生态环境安全，还导致病虫害抗药性上升、生物多样性下降、病虫害防治效果降低，引起了社会的广泛关注。党的十八届三中全会提出，紧紧围绕建设美丽中国，深化生态文明体制改革，加快建立生态文明制度，健全国土空间开发、资源节约利用、生态环境保护的体制机制。随着社会的发展和人民生活水平的提高，"大健康"成为现代农业发展的趋势。

　　病虫害防控的发展方向——绿色防控，是指以确保农业生产、农产品质量和生态环境安全为目标，以减少化学农药使用为目的，优先采取生态控制、生物防治、物理防治和科学用药等环境友好型技术措施控制农作物病虫为害的行为，以促进传统化学防治向现代绿色防控的转变。随着生物技术的日新月异，新的生物技术引领、生物信息技术应用、多学科交叉渗透促进农药创新发展已成为国际农药研究创新态势，特别是以功能基因组学、蛋白质组学和结构生物学为代表的生命科学前沿技术，以及以基因编辑为代表的颠覆性技术与新农药创制研究的结合日益紧密。一些基于病虫害分子靶标挖掘的关键基因及其防控策略已得到普遍认可。关于农林害虫绿色防控研究的文献数量浩如烟海，不从事该领域的研究人员或学生如坠云雾。基于上述情况，作者以农林害虫舞毒蛾为研究对象，呈献给读者关于昆虫毒理学、昆虫生理生化和昆虫分子生物学等领域的研究成果。

　　本书根据研究内容分为 6 章，涵盖了森林重要食叶害虫——舞毒蛾从基因水平到种群水平的生物学、生理学、生物化学和分子生物学研究。第 1 章主要介绍了农林害虫绿色防控概念与内涵及防控的主要技术；第 2 章全面介绍了舞毒蛾生物学特性及防治研究进展；第 3 章介绍了舞毒蛾分子靶标 *P450* 基因的鉴定及 *P450* 基因对寄主次生物质和杀虫剂的胁迫响应；第 4 章研究了舞毒蛾分子靶标 *GST* 和 *Hsp* 基因响应寄主次生物质和杀虫剂的功能；第 5 章研究了舞毒蛾 *GPCR* 家族基因生理功能调控及对逆境胁迫的响应；第 6 章阐述了舞毒蛾分子防控产品研发与应用研究展望。本书从宏观到微观的写作框架有助于读者对舞毒蛾生物学特性、暴发和致灾机制及绿色防控技术开发进行系统了解，其研究方法和研究内容对昆虫毒理学的理解具有借鉴和指导作用。

　　本书在编写过程中得到多方面的关心与帮助。感谢东北林业大学昆虫生理生化与分子毒理学课题组研究生问荣荣、刘鹏、张琪慧、都慧、殷晶晶、王振越、吕云彤、许力山、张晨书、高源、王建国为本书部分研究内容所作出的贡献。感谢研究生齐琪、马和婷、莫建洲、李烨、张承志、董泓志、孙春苗、吴元旺、张佳雯、李雪、王云罗、刘艳涛、王梦圆、韦红艳、王希成、邱亚丽、陈凯莉整理和校阅了本书的有关章节。感谢国家自然科学基金（32071772、31570642、31101676）和"十三五"国家重点研发计划项目（2018YFC1200400）的支持。

受作者对昆虫分子生物学研究水平所限，书中不足之处在所难免，真诚希望读者及各位同行对书中存在的不足给予批评、指正。

著　者

2023 年 5 月

目　　录

第 1 章 农林害虫绿色防控概述

1.1 绿色防控概念与内涵

1.1.1 绿色防控产生的背景

化学农药是世界各国防治病虫鼠等农林有害生物的重要手段,合理施用能够很好地降低农作物损失,并在保障粮食安全上有着巨大贡献。据联合国粮食及农业组织(FAO)统计,全世界每年使用化学农药可以挽回 20%~25%的农产品损失,化学农药在减少有害生物对农产品造成的损失及保障农产品市场的供给和促进社会稳定等方面起着不可或缺的作用(仇相玮,2020)。但是化学农药盲目、非科学、不安全地使用给农业可持续发展和农业现代化推进,甚至是人类健康带来了较为强烈的负面影响。例如,立体污染、生态破坏、食品安全等问题相继出现,已经逐渐成为制约我国农业持续、稳定发展的突出问题(严海连和白晓拴,2022)。化学农药不合理及过度的使用导致了一系列的环境问题,如引起有益生物死亡、生物多样性减少、残留农药超标、农用耕地的破坏及生态环境污染等(戈峰等,1997)。

1.1.2 绿色防控概念

绿色防控是在上述背景下产生的有效防治手段,它在保证减少农林害虫造成损失的前提下,减少了对化学农药的使用。绿色防控是以保护农作物、减少化学农药使用为目标,协调采取生态控制技术、生物防治技术、理化诱控技术和科学用药技术等环境友好型防控技术措施来控制有害生物的行为(杨普云等,2010),可以实现控制病虫害,确保农产品质量和农业生态安全,被视为典型的农药替代性技术。其中,生态控制技术包括改善水肥管理、进行作物间套种等;生物防治技术包括以虫治虫、以螨治螨、以菌治虫、以菌治菌等;理化诱控技术包括采用昆虫信息素、杀虫灯、诱虫板等捕杀害虫;科学用药技术主要是指采用环境友好型农药,并掌握轮换使用和安全使用农药等的配套技术(杨程方,2021)。目前已经实施绿色防控的地区整体表现比较突出,对常见病虫害的防治效果较好。同时,对生态效果的调查可以发现,绿色防控技术可以成功降低化学药剂的使用量,能有效调节生物田间生态,提高田间天敌数量;在效益方面,采用绿色防控技术能够有效提高农林作物的产量和产值（刘治平等，2020；张立霞，2023）。

1.1.3 绿色防控实例应用效果

通过联合使用生态控制技术、理化诱控技术及科学用药技术对淳安县柑橘绿色防控后，柑橘林地有害生物的天敌种群密度有着明显上升的趋势，除此之外，土壤理化性质也得到了改善（汪末根等，2021）。罗雪桃等（2023）通过生态控制技术、生物防治技术、理化诱控技术、科学用药技术等对广州市从化区蔬菜病虫害进行了绿色防控，示范区比常规防控区农药使用次数普遍减少，农药减量增效效果十分显著。高庆礼等（2023）对邳州市水稻病虫草害进行了绿色防控技术的集成与应用，有效控制了水稻病虫害，降低了农药的平均使用量，保障了粮食安全，改善了农业生态环境。

综合来看，绿色防控成本投入低、效益高，能够有效提高农林作物的产量和产值、减少病虫害造成的损失、减少大量使用化学农药产生的负面影响、改善生态环境、保障食品安全，社会认可程度高，是符合我国国情，防治农林有害生物，促进生态文明建设的有效手段。

1.2 绿色防控的主要技术

1.2.1 免疫诱抗技术

免疫诱抗技术是通过提升农作物自身免疫性能，促使农作物正常生长、提升农作物抵抗功能的绿色防控技术，可诱导植物产生抗性，即植物在外界因子的诱导下，通过提高自身免疫力来抵御外界不良因素的危害。利用植物自身所具备的免疫诱导抗性系统，通过使用植物免疫诱抗剂，激活植物体内分子免疫系统，提高植物抗病性，激发植物体内的一系列代谢调控系统，促进植物根茎叶生长和提高叶绿素含量，最终起到作物增产的效果（邱德文，2016）。植物免疫诱抗剂也叫植物疫苗，是一类新型生物农药，具有显著防病、防冻、增产、改善品质的效果，对人畜无害，不污染环境，不仅可提高农作物抗性，还可通过外源生物或分子诱导或激活植物体内分子免疫系统产生抗性物质，对某些病原物产生抗性或抑制病菌的生长，达到有效防控农作物病害的效果（邱德文，2016）。

植物免疫诱抗剂种类主要有植物免疫诱导子和植物免疫诱导菌。植物免疫诱导子是指一类可诱导寄主植物产生免疫抗性反应的活性分子，这种免疫抗性反应涉及植物生理生化、形态反应、植保素积累及抗病基因表达等方面。其中，生物源诱导子是指微生物、动物、植物活体及其代谢产物，或寄主植物与病原菌互作产生的活性小分子，可分为寡糖类诱导子、糖蛋白或糖肽类诱导子、蛋白类或多肽类诱导子及脂类诱导子；非生物源诱导子为非细胞中的天然成分，但又能触发形成植保素的信号因子，主要是指一些非生物的物理和化学因子，主要有水杨酸、茉莉酸与茉莉酸甲酯等（罗海羽，2011）。植物免疫诱导菌指植物被该菌侵染后，植物免疫被该菌分泌的植物免疫激活蛋白所激活，从而增强植物抵御病原菌能力的一类菌，主要有木霉菌和芽孢杆菌等（刘亚力，2006）。

　　植物免疫诱抗技术的类型主要有以下几种。①蛋白质植物免疫诱导。以诱导植物提高免疫抗性为指标，从微生物发酵代谢产物中直接分离纯化天然目的蛋白，通过生物质谱技术和分子克隆技术获得蛋白的氨基酸序列和基因序列，进而获得表达蛋白，再通过检验表达蛋白与天然蛋白的诱抗活性是否一致，明确蛋白诱导植物抗病和促生长的分子基础及信号转导途径，通过激活植物早期防御信号诱导蛋白激酶及防卫基因和蛋白的上调表达，最终使植物产生系统抗性（彭学聪等，2013；邱德文，2016）。极细链格孢菌产生的免疫蛋白具有良好的诱导植物免疫抗性和促进植物生长的功能。通过对极细链格孢菌天然菌株 3 级发酵工艺的研究和对免疫诱抗蛋白高效规模化生产工艺的优化，使诱抗蛋白产率由原来的 1.34g/100ml 提高到 5.17g/100ml，提高了近 3 倍（金鑫等，2009）。②寡糖植物免疫诱导。利用植物与病原菌互作过程中释放的细胞壁寡糖片段具有诱导植物免疫系统、诱导植物抗病的功效，将之开发为新型农用制剂来诱导植物免疫、提高农作物抗病性。中国科学院大连化学物理研究所研究团队以壳寡糖为原料，研制出多个寡糖植物免疫诱导剂及复配制剂，已获国家农药登记证 11 个，实现产业化并已在农业生产中推广 335 万 hm^2，在提高农作物产量和品质方面发挥了较大作用（王文霞等，2014）。③菌类及其代谢物植物免疫诱导。通过利用生物源诱导菌或其代谢产物，来激发植物自身免疫系统从而使植物获得抗病及抗逆性能。浙江大学研究了 4 个木霉菌株产木聚糖酶的条件，并以水稻纹枯病为病害系统，研究了木霉菌株及其木聚糖酶的诱导抗性（刘亚力，2006）。

　　植物免疫诱抗剂农药的研发正在成为当今国际新型生物农药的重要发展方向，并将迅速成为具有巨大发展前景的新型战略产业。该领域的研究对国际植物保护重大基础理论研究具有重要作用，能够大大提升我国在植物免疫领域的地位和实力，对我国农业的可持续发展、生态环境保护、粮食和食品安全具有十分重要的意义。

1.2.2　理化诱控技术

　　理化诱控技术是利用害虫所具有的某种趋性或习性，采用物理或化学手段进行防治的技术，主要包括光诱控技术、色诱杀技术、性信息素诱杀技术、食诱剂诱杀技术。

（1）光诱控技术。光诱控技术是利用害虫的趋光性、趋波性、雌雄趋性等特点，采用具有特定光谱的特殊光源和灭杀装置，促使昆虫聚集到某一固定位置集中消灭的方法，主要用于防治鳞翅目、鞘翅目等害虫的成虫。频振式杀虫灯是将杀虫灯吊挂或以其他方式固定，呈棋盘状分布放置在田间，吊挂高度为高于作物1.2m 左右，每灯控制范围 50 亩[①]左右，进行害虫光诱杀。在松褐天牛防治中，紫光诱捕是一种有效方法。邱家生等（2021）对 J2020 紫光光诱松褐天牛技术的林间作业标准进行了研究，研究显示，每套光诱捕装置诱集面积为 8.04hm^2 的林地时可以达到最佳的诱捕效果，光诱捕装置对供试松褐天牛的回捕率达 86.33%。

（2）色诱杀技术。色诱杀技术主要包括色板诱杀、色板趋避等技术。色板诱杀是利用某些昆虫对特定颜色具有很强的趋性，用特定颜色将它们引诱来，并将它们杀死的一种物理防治技术。黄色色板可诱杀白粉虱（*Trialeurodes vaporariorum*）、小绿叶蝉（*Empoasca flavescens*）、茶蚜（*Toxoptera aurantii*）、柑橘大实蝇（*Bactrocera minax*）等昆虫；蓝色色板对蓟马类昆虫的诱集效果较明显；其他颜色也有一定的诱集效果，但诱杀害虫种类不多。例如，绿色色板可诱集小菜蛾（*Plutella xylostella*）；红色色板可诱集麦红吸浆虫（*Sitodiplosis mosellana*）；白色色板可诱集泉种蝇属（*Pegohylemyia*）物种；黑色色板可诱集杨桃鸟羽蛾（*Diacrotricha fasciola*）；紫色色板可诱集二刺齿蓟马（*Odontothrips confusus*）；粉红色色板可诱集西花蓟马（*Frankliniella occidentalis*）（高宇等，2016）。粘虫板从苗期和定植期起使用，保持不间断使用可有效控制害虫发展。对于低矮生蔬菜和作物，应将粘虫板悬挂于作物上部 15～20cm 处。对于搭架蔬菜应顺行，粘虫板垂直挂在两行中间植株中上部或上部。开始可悬挂 3～5 片诱虫板，以监测虫口密度，当粘虫板上诱虫量增加时，每亩地悬挂 25cm×30cm 的粘虫板 30 片或25cm×20cm 的黄色粘虫板 40 片。湖北咸宁崇阳县芽旗香茶叶研究中心采用黄色粘虫板诱杀茶小绿叶蝉，黄板朝向南北或东西安装，底部离茶蓬表面高出 20cm，每亩悬挂黄色粘虫板 30 张。在茶小绿叶蝉发生较为严重的茶区，使用黄色粘虫板配套诱芯进行诱杀，可取得很好的效果（陈勋等，2021）。色板驱避技术是利用蚜虫对黄色有趋避的特性，在菜地悬挂黄色色板驱避蚜虫的技术。每亩悬挂 30～40块规格为 30cm×2cm 的黄色色板，悬挂高度为与植株顶部持平或高出 5～10cm。

（3）性信息素诱杀技术。性信息素诱杀是通过人工仿生合成昆虫性信息素（诱芯），放于田间缓释，引诱雄蛾至诱捕器，并用物理方法杀死雄蛾，从而破坏其交配，最终达到防治害虫目的的技术。在害虫成虫羽化期安置诱捕器。诱捕器有桶形诱捕器、水盆型诱捕器、黏虫型诱捕器等。桶形诱捕器一般适用于飞蛾类，如

---

① 1 亩≈666.67m^2，后同。

二化螟（*Chilo suppressalis*）、斜纹夜蛾（*Spodoptera litura*）等。黏虫型诱捕器适用于小型蛾类，如小菜蛾、桃潜叶蛾（*Lyonetia clerkella*）等。使用时将竹竿固定于田间，诱捕器固定于竹竿上，每亩放置 1 或 2 套诱捕器。使用中遵照产品说明更换诱芯。需要注意的是性信息素产品易挥发，保存时应远离高温环境，避免暴晒。南澳县后宅镇设立橘小实蝇（*Bactrocera dorsalis*）防治试验区，选用 steiner 诱捕器，利用高纯度的橘小实蝇雌性引诱剂，马拉松有机磷农药作为液体诱杀剂，诱杀雄蝇，并辅以田园清洁等措施，使橘小实蝇种群下降 92% 以上，虫果率控制在 9% 以下（陈其生等，2013）。

（4）食诱剂诱杀技术。食诱剂诱杀技术是利用昆虫成虫通过植物挥发物选择定位寄主的这一生物学特性研发的集中诱杀技术。食诱剂可以与杀虫剂、诱捕器、抗虫转基因作物和性信息素一起使用。目前市场上食诱剂产品的制剂多为乳油型或水乳型，还有部分缓释型制剂。2020 年江西南昌引进桑螟（*Diaphania pyloalis*）生物食诱剂（酷饵灵食诱剂），开展了桑螟成虫防治试验。试验设置生物食诱剂试验区、常规防治区、空白对照区 3 个处理。在桑螟成虫高峰期前 2～3d 开始安装诱捕器，安装密度为 2 套/亩，每个诱捕器内加入配置好的食诱剂 60ml。结果发现，生物食诱剂对桑螟成虫具有良好的诱杀效果，对桑螟的防治效果最高可达46.81%；生物食诱剂试验区的平均防治效果高于常规防治区（曹红妹等，2020）。

1.2.3　趋害避害技术

趋害避害技术是指利用物理学隔离、颜色负趋性、化学物质等原理进行虫害趋避诱杀的一种农林害虫绿色防控技术。例如，防虫网、银灰色地膜等技术产品；利用生物的生理现象，开发以预防害虫为目的的趋避植物应用技术，如果园常用的趋避植物有蒲公英（*Taraxacum mongolicum*）、鱼腥草（*Houttuynia cordata*）、洋葱（*Allium cepa*）、一串红（*Salvia splendens*）、除虫菊（*Tanacetum cinerariifolium*）、金盏花（*Calendula officinalis*）等（夏敬源，2010）。

（1）趋色性。趋色性是指昆虫对不同颜色刺激的趋向性。昆虫对颜色刺激表现特有的趋性形态，可以分为趋向色源的正趋性和背离色源的负趋性。昆虫对不同颜色具有不同的趋向性。例如，可以利用有些害虫对黄色、橙黄色、蓝色有较强的负趋性的特点对之进行趋避。据何永梅和尹志明（2011）研究，银灰色的反射光带有的红外线对蚜虫有趋避作用，因而可以利用覆盖银灰色地膜来趋避蚜虫，从而减轻蚜虫对植物的危害以及减少由蚜虫传播的病毒病的发生。

昆虫对颜色的趋性是其在进化过程中形成的主要特征之一。20 世纪中期开始，国内外就已陆续对昆虫的趋色性进行研究，农业上常利用昆虫的趋色性诱集昆虫，用于害虫测报，或者作为害虫防治措施，以降低害虫数量（汪中明等，2018）。利用昆虫对颜色的趋性进行害虫防控是低毒、环保、低成本的措施（何海军等，2012）。

（2）趋味性。利用害虫对不同气味的趋向性，通过配制某种可以趋避害虫的特殊气味药品，从而达到防治害虫的目的。据相关报道，新西兰科学家提出用化学制品的强烈气味防治啮齿类动物，这种药物无毒无害，但其特殊的强烈气味可导致动物恐惧、痉挛，这种药物将成为保护农作物的一种重要手段，目前这种药物已经投入生产并将投放市场（农业环境与发展期刊编辑部，1989）。在国内农业生产中，使用糖醋毒液放在菜地里的土堆上，白天盖好晚上打开，可以趋避和诱杀斜纹夜蛾、小地老虎（*Agrotis ypsilon*）等；傍晚将辛硫磷和麦麸撒于菇房周围，可诱杀花生大蟋蟀（*Brchytrupes portentosus*）、蝼蛄属（*Gryllotalpa*）物种等。

（3）趋光性。生物对光刺激有趋向性。趋向光源的为正趋光性，背离光源的为负趋光性。将昆虫表现为正趋光性的光波设计制作成各种灯箱或者诱捕器，再配合上一些装置或手段可达到防治害虫的目的。

大多数昆虫都具有趋光性，尤其是夜蛾科昆虫。针对昆虫的趋光性，研究不同波长处理下靶标昆虫的趋光性行为，从而筛选出靶标昆虫的正趋光性的波长，在远离被保护植物一端制作相应的诱虫灯，可达到防治害虫的目的。近年来新兴的节能装置 LED 灯凭借其安全、环保、寿命长、节能高效等特点，越来越被广泛地应用在害虫防治与害虫监测预警中（林闽等，2007）。

（4）趋化性。自然界的昆虫通常通过分泌特定的化学物质来传递信息，这类化学物质被称为昆虫信息素。在农业害虫绿色防控中常应用的昆虫信息素的类型主要有性信息素、聚集信息素、报警信息素和昆虫源利他素（魏然等，2022）。例如，雌成虫成熟后会分泌一种特殊的易挥发的信号化合物，而雄成虫依靠自己灵敏的嗅觉感受信息，并根据信息的方位去寻找雌成虫。在农业生产中利用性信息素对害虫进行干扰，可有效地防治虫害。

（5）趋避植物。一些植物可产生化学次生物质，对害虫有拒食或拒避产卵的作用。将这些次生物质应用于植物表面，可明显降低害虫对作物的啃食以及在作物上的产卵量。若与其他措施配合实施将会大大提高果农害虫防治的积极性，不仅可减少昆虫危害，也可减少合成有机化学农药的使用量；不仅可保护天敌和生态环境，而且农作物也对人们健康无害（林海清等，2008）。徐世才等（2006）研究发现，侧柏、刺柏、华山松、云杉、北美圆柏叶的提取物对小菜蛾有拒食活性，其中华山松对小菜蛾成虫具有明显的产卵忌避作用。

1.2.4　生物防治技术

生物防治是利用自然界中的天敌生物或寄生性微生物及代谢物制剂等控制病

虫害的发生和繁殖，减轻或避免病虫危害（杨金兰等，2020）。因生物防治具有对环境无污染、自然资源丰富、选择性好、使用成本低廉、防治效果显著等优点，被认为是最有发展潜力的防治方法之一（李冬梅等，2021）。

（1）利用人工培养的微生物防治害虫。人工培养的微生物主要有苏云金芽孢杆菌（*Bacillus thuringiensis*，Bt）、球孢白僵菌（*Beauveria bassiana*）、绿僵菌属（*Metarhizium*）菌种、多角体病毒、颗粒体病毒、浏阳霉素、阿维菌素、春雷霉素、多抗霉素、宁南霉素等。苏云金芽孢杆菌用于防治菜粉蝶（*Pieris rapae*）、小菜蛾、甜菜夜蛾（*Spodoptera exigua*）、斜纹夜蛾、甘蓝夜蛾（*Mamestra brassicae*）；浏阳霉素用于防治螨类、蚜虫；阿维菌素用于防治螨类、潜叶蛾；球孢白僵菌用于防治蝗虫、蛴螬、马铃薯叶甲（*Leptinotarsa decemlineata*）、蚜虫、叶蝉、飞虱等；多角体病毒用于防治斜纹夜蛾。涂国平（2021）利用苏云金芽孢杆菌药剂对竹舞蚜（*Astegopteryx bambusifoliae*）施药防治后，有较好的防治效果。

（2）利用天敌昆虫防治害虫。①利用寄生性天敌防治。寄生性天敌主要有赤眼蜂、平腹小蜂、金小蜂、姬小蜂、扁股小蜂、蚜小蜂、跳小蜂、缨小蜂、姬蜂、茧蜂、蚜茧蜂脊柄金小蜂（*Asaphes vulgaris*）、夜蛾黑卵蜂（*Telenomus remus*）、刺槐叶瘿蚊广腹细蜂（*Platygaster robiniae*）、螯蜂、寄蝇、头蝇等。研究发现，赤眼蜂、眼斑厚盲蝽（*Eurystylus coelestialium*）等对害虫适应性强、寄生率高，具有良好的控害作用，能在所释放田间较好地完成生长发育并保护作物，已被广泛应用于番茄潜叶蛾（*Tuta absoluta*）的田间防治，并取得良好成效（梁永轩等，2023）。②利用捕食性天敌防治。捕食性天敌主要有草蛉、瓢虫、步甲、捕食螨、蜘蛛、寄生蜂、蜻蜓、青蛙、麻雀、啄木鸟等。捕食螨控制害虫具有安全、环保的优点，是我国病虫害绿色防控最为重要的天敌产品之一；草蛉可以捕食蚜虫、粉虱、螨类、棉铃虫（*Helicoverpa armigera*）等；捕食性蓟马可捕食红蜘蛛、粉蚧、食叶蓟马、木虱等小型昆虫；瓢虫科的许多瓢虫是农林生态系统重要的捕食性天敌，主要捕食蚜虫、介壳虫、粉虱和叶螨，应用前景非常广阔。崔晓宁等（2023）测定了不同龄期的异色瓢虫（*Harmonia axyridis*）对苜蓿豌豆蚜（*Acyrthosiphon pisum*）2～3 龄若虫和牛角花齿蓟马（*Odontothrips loti*）成虫的捕食能力及猎物偏好性，发现异色瓢虫 4 龄幼虫和雌成虫对两种害虫表现出良好的控制作用。

（3）以菌治菌。例如，枯草芽孢杆菌（*Bacillus subtilis*）用于防治稻瘟病；春雷霉素用于防治黄瓜、甜椒、番茄等细菌性病害及灰霉病等；多抗霉素灌根用于防治黄瓜、西瓜枯萎病菌（*Fusarium oxysporum*），或喷雾用于防治白粉病、灰霉病、晚疫病等；宁南霉素用于防治瓜类病毒病及白粉病、番茄叶霉病。祖雪等（2022）研究证明，枯草芽孢杆菌对水稻纹枯病菌（*Rhizoctonia solani*）、水稻恶苗病菌、辣椒枯萎病菌和茄子根腐病菌的抑菌效果均达到 60% 以上。

（4）植物源农药。利用植物资源开发的农药，包括从植物中提取的活性成分、植物本身和按活性结构合成的化合物及衍生物。植物杀菌剂有大蒜素、香芹酚、活化酯、植物抗病激活剂等。植物杀鼠剂有海葱苷、毒鼠碱等。植物源植物生长调节剂有吲哚乙酸类、赤霉素、芸苔素内酯、植物细胞分裂素、脱落素等。植物杀虫剂有烟碱、鱼藤酮、除虫菊素、藜芦碱、川楝素、印楝素、苦蒿素、百部碱、苦参碱、苦皮藤素 V、松脂合剂、蜕皮素 A、蜕皮酮、蝎蜕素等。卢莉娜（2015）研究发现，苦皮藤素 V 能够破坏昆虫中肠细胞质膜及内膜系统，从而对昆虫产生胃毒作用；苦皮藤素 V 通过与昆虫中肠细胞膜上相关受体蛋白结合，使膜结构发生改变，肠壁细胞破坏，血淋巴经消化道排出体外，最终血淋巴丧失过多导致昆虫死亡。陈晨（2021）对植物挥发性化合物——萜类同系物进行了研究，发现萜类同系物能破坏小菜蛾幼虫肠道，对小菜蛾幼虫有直接驱逐和毒杀作用，可显著影响小菜蛾的生长和繁育。

（5）稻鸭共养。在水稻田养鸭可以显著减少农药的使用，且稻田杂草、福寿螺、病虫害等主要有害生物能够得到较好控制。郭秀照（2017）探索了稻鸭共养模式在绿香稻生产上的应用，结果表明，该模式下水稻抗性提高，病虫害减少，可取得较好的生态效益；化肥和农药施用量减少，经济效益显著。

1.2.5 生态控制技术

害虫种群生态控制的指导思想是用调控代替现行的防治，即在生态系统整体水平上，利用一切可利用的条件（或因素）创造有利于天敌的环境条件，抑制害虫种群，达到优化生态系统结构的目的，以逐步代替现行的综合防治（丁岩钦，1993）。生态控制技术包括一系列科学化的营林育苗过程，其技术内涵包括植物检疫和生境调控，前者可从根源上阻断虫害的侵入，后者可通过抗性育种、抚育修枝、营造混交林等技术，利用生态系统的调控达到防治的作用。通过生态控制技术的科学化管理，实现苗木的健康生长，提升农林的生态效益、经济效益和社会效益。在生态控制技术的辅助下，实现对生态环境的控制，使农林业基本生态环境有所改善，传统的造林耕种思想得到更新（殷文奇等，2020）。

农林害虫生态控制技术的主要手段有以下几种。①植物检疫。植物检疫是一种生物安全措施，是利用科学方法，使用规定的设备和仪器，对外来人员或运输工具所携带的农产品或植物产品进行有害生物的检疫并根据相关规定进行处理，防止细菌、真菌、病毒、昆虫、杂草、线虫、害鼠和软体动物等通过人为方式进行传播，以保障农林生产安全和生态环境健康，促进国际贸易发展（朱水芳和杨益芬，2018）。大部分的植物检疫措施是针对特定的检疫性有害生物的，如美国白蛾（*Hyphantria cunea*）、松材线虫（*Bursaphelenchus xylophilus*）、杨干象（*Cryptorrhynchus lapathi*）等。目前，我国有害生物检疫检测工作已经成熟应用的方法主要有三大类：第一，以形态学特征为主要依据的目测检查、生物测定和借助显微镜等仪器的传统检测；第二，以酶联免疫吸附测定为代表的免疫学检测；第三，多种分子生物学检测方法，如 DNA 条形码、聚合酶链式反应及其衍生技术等（姜帆等，2022）。②生境调节。生境调节是以选育抗性品种为基础，利用作物种植过程中各种技术和方法，加强农林管理，创造有益于林木及作物生长发育和有益微生物生存繁殖，不利于害虫生长和大量繁殖的生态环境条件，达到林木及作物增产和质量提高的目的。③选用抗性品种。根据当地的主要虫害情况，合理选择具有针对性的抗性品种，是一种高效而经济的防治方法。大量选用抗虫害的农作物和树种，提高抗病品种的种植面积，增强作物自身对病虫害的抵抗力。例如，抗云斑天牛的南抗杨、北抗杨被广泛用于我国西北地区造林（王志刚等，2018）。作物的外部形态与抗虫性密切相关。例如，多毛品种的棉花可抗棉蚜和叶螨（方昌源等，1991），而光叶少毛、鸡脚叶、苞叶扭曲、无蜜腺、红叶、黄色花粉等性状的棉花可抗棉铃虫和红铃虫（*Pectinophora gassypiella*）（罗英等，1988）。④修枝抚育。整形修剪技术是林间抚育过程的重要技术，通过科学的间伐和修剪，可以增强林区生长的稳定性。林木生长过于茂密的地方要进行透光伐，增强林间的光合作用；密度过大的林木要进行疏伐，促进树木的营养供给；对干扰树要进行一定的生长伐，调整林木结构，明确林木的生长方向；对有害和生长不良的林木进行卫生伐，并及时清除妨碍林木生长的杂草和灌木。⑤营造混交林。混交林营造在林业生态建设方面具有较高的生态效益、经济效益和防护效益（林中兴，2022）。林分结构是森林防护的决定性因素。混交林林冠浓密，根系扎入深，凋落物的成分丰富，具有显著的防风固沙、涵养水源的作用。营造混交林可以提高林木对病虫害的抵御能力。邹华南（2015）研究表明，不同混交模式的马尾松（*Pinus massoniana*）林中诱捕到的松墨天牛（*Monochamus alternatus*）成虫数量显著低于纯林。因此，科学合理地搭配不同树种可有效减少林业病虫害的发生。

生态控制技术的应用能够在一定程度上减少农林病虫害发生的概率及降低农林病虫害的危害程度，为了更加有效地实现生态环境的可持续建设，提升病虫害治理能力，应重视生态控制技术的综合运用，实现农林区域的健康发展。

1.2.6 科学用药技术

科学用药技术是指科学、合理、安全使用化学农药，对症用药，确保防治效果。科学用药技术着力于推广高效、低毒、低残留、环境友好型农药，优化集成农药的轮换使用、交替使用、精准使用和安全使用等配套技术。加强农药抗药性监测与治理，普及规范使用农药的知识，严格遵守农药安全使用间隔期。通过合理使用农药，最大限度地降低农药使用造成的负面影响。

科学用药技术的方法：选择高效低毒低残留化学农药；按标准配制农药；在用药适期（最佳时期一般为3龄前）用药；交替用药避免抗性；安全间隔期用药；精心组织、开展专业化统防统治。

科学合理地用药应熟悉害虫种类、农药特性；选用高效低毒、无残留农药；科学用药，适期用药，讲究施药方法；减少化学农药用量，维护生态环境；把化学防治的缺点降到最低限度。例如，在橘小实蝇防控过程中，通过合理添加喷雾助剂，采用低容量喷雾、静电喷雾等先进施药技术减少用量，提高农药利用率及防治效果（金扬秀等，2022）。①做好预测预报工作，指导科学用药。准确的预测预报是提高农药利用率的基础及前提。通过监测确定虫害发生特点来选择适合的农药、施药时间及方式等，做到精准用药。②合理选择农药。根据害虫的为害特点确定害虫种类。很多为害症状容易混淆，如生理性病害、侵染性病害、药害等。例如，稻水象甲（*Lissorhoptrus oryzophilus*）和潜叶蝇为害症状相似。根据虫害种类，针对性地选用高效、低毒、低残留的农药，达到安全、有效防治的目的。不使用假冒伪劣农药，农药标签应标注农药名称、剂型、有效成分及其含量、农药登记证号、产品质量标准号、生产许可证号、使用范围、方法、剂量、使用技术要求和注意事项、可追溯电子信息码等（代勇，2018）。③合理混用，避免长期使用同一种农药。在虫害防治过程中，长期使用同一种农药易使害虫产生抗药性，同时易对植物造成药害。交替用药，科学混配农药，可对防治虫害起到事半功倍的效果。④使用科学方法配药。配药时要用专用的器具，要远离饮用水源，农药需要现用现配，并根据实际情况合理混配，可达到一次用药防治多种病虫的目的。但应遵循混用农药不发生化学变化、物理性状保持不变、对人畜和有益生物毒性不增加、混用的农药品种具有不同作用方式和不同防治靶标、混用后药效增加且活性物质不降低、农药残留量低于单用剂型等原则（苟红敏等，2018）。⑤正确施用农药。农药剂型不同，采用的施药方式也不同。常用的农药剂型有粉剂、可湿性粉剂、乳剂和颗粒剂等。病虫害类型的不同，选择的施药方法和药剂也不同。只有选择合适的药剂和施药方法才能取得良好的防治效果（李源等，2022）。严格按照农药说明书进行施药。根据害虫的为害特点选择药剂，如咀嚼式口器害虫应该选择胃毒剂，刺吸式口器害虫选择具有内吸性的杀虫剂，再结合施药场所选择喷雾、熏蒸、毒土等适合的施药方式。施药不可连续多日进行，要控制安全间隔期（赵利民，2019）。⑥保证施药人员安全。做好施药人员的安全防护工作。施药时工作人员要戴口罩、手套，穿长袖衣、长裤和鞋袜；掌握施用浓度，每天施药不超过6h；施药时禁止饮食、吸烟；施药后用肥皂洗手洗脸并更换衣服（陈益新等，2018）。

主要参考文献

曹红妹, 杜贤明, 胡桂萍, 等. 2020. 生物食诱剂对桑螟的防治试验[J]. 蚕桑茶叶通讯, (6): 1-2, 5.

陈晨. 2021. 植物挥发性化合物 DMNT 毒杀小菜蛾的机制解析[D]. 安徽农业大学博士学位论文.

陈其生, 李小健, 吴剑光, 等. 2013. 在天然海岛以性诱杀为主综合控制桔小实蝇的研究[J]. 环境昆虫学报, 35(2): 269-272.

陈勋, 黎八保, 金刚, 等. 2021. 黏虫色板诱杀茶小绿叶蝉应用技术研究[J]. 湖北植保, (5): 19-22, 25.

陈益新, 周道辉, 徐青峰. 2018. 农药科学使用方法探讨[J]. 现代农业科技, (5): 126, 129.

崔晓宁, 席驳鑫, 张博鸿, 等. 2023. 异色瓢虫对苜蓿上豌豆蚜和牛角花齿蓟马的捕食效能及捕食偏好性[J]. 中国生物防治学报, 39(1): 38-45.

代勇. 2018. 如何做到农药安全和科学使用[J]. 新农业, (23): 22-24.

丁岩钦. 1993. 论害虫种群的生态控制[J]. 生态学报, (2): 99-106.

方昌源, 张慧英, 梁世珍, 等. 1991. 棉花品系对棉蚜、棉铃虫的抗性鉴定[J]. 棉花学报, 3(2): 77-84.

高庆礼, 王炜, 张建军. 2023. 邳州市水稻病虫害全程绿色防控技术集成与应用探析[J]. 现代农业科技, (3): 130-134.

高宇, 韩琪, 刘杰, 等. 2016. 色板诱杀技术的防治对象和常用颜色谱[J]. 北方园艺, (4): 120-124.

戈峰, 曹东风, 李典谟. 1997. 我国化学农药使用的生态风险性及其减少对策[J]. 植保技术与推广, 17(2): 35-37.

苟红敏, 何剑, 李永平. 2018. 农药科学合理安全使用技术[J]. 现代农业科技, (11): 142-143, 146.

郭秀照. 2017. 绿香稻-鸭有机模式探究[J]. 现代农业科技, (9): 247.

何海军, 纪伟波, 赵松涛, 等. 2012. 水稻潜叶蝇对不同颜色的趋性[J]. 江苏农业科学, 40(7): 128, 151.

何永梅, 尹志明. 2011. 利用昆虫趋避性诱杀蔬菜害虫[J]. 农家科技, (5): 11.

姜帆, 向均, 梁亮, 等. 2022. 植物检疫检测技术应用现状及发展趋势[J]. 植物保护学报, 49(6): 1576-1582.

金鑫, 杨秀芬, 邱德文, 等. 2009. 提高蛋白激发子产量的培养基及发酵条件的优化[J]. 微生物学杂志, 29(2): 6-11.

金扬秀, 张德满, 谢传峰, 等. 2022. 桔小实蝇绿色防控技术研究进展[J]. 植物检疫, 36(3): 1-6.

李冬梅, 黄冬梅, 张小秋, 等. 2021. 广西甘蔗病虫害发生特点及综合防治措施[J]. 甘蔗糖业, 50(3): 26-31.

李源, 金胜利, 何骏, 等. 2022. 油茶林主要病虫害绿色防控技术与措施[J]. 安徽林业科技, 48(6): 46-49.

梁永轩, 郭建洋, 王绮静, 等. 2023. 番茄潜叶蛾生物防治研究进展[J]. 热带生物学报, 14(1): 88-104.

林海清, 刘少明, 欧阳革成, 等. 2008. 非寄主植物提取物对橘小实蝇的产卵拒避作用[J]. 环境昆虫学报, 30(3): 224-228.

林闽, 姚白云, 张艳红, 等. 2007. 太阳能 LED 杀虫灯的研究[J]. 可再生能源, 25(3): 79-80.

林中兴. 2022. 混交林营造与生态林业建设探析[J]. 农业灾害研究, 12(2): 188-190.

刘亚力. 2006. 生防木霉菌株产木聚糖酶条件及诱导水稻抗病性的研究[D]. 浙江大学硕士学位论文.

刘治平, 范才银, 安然, 等. 2020. 绿色防控技术对烟草病虫害及经济效益的影响[J]. 现代农业科技, (6): 105, 111.

卢莉娜. 2015. 二氢沉香呋喃多元酯类杀虫活性化合物作用靶标的鉴定和验证[D]. 西北农林科技大学博士学位论文.

罗海羽. 2011. 诱导子在植物细胞培养中的研究进展[J]. 北京农业, (36): 15-16.

罗雪桃, 程西, 梁嘉铧, 等. 2023. 从化区 2021 年蔬菜病虫害绿色防控主要措施和成效[J]. 云南农业科技, (1): 45-47.

罗英, 卜立芙, 刘增志, 等. 1988. 无密腺光叶棉的抗棉铃虫效果与利用[J]. 中国棉花, 15(3): 46-48.

农业环境与发展期刊编辑部. 1989. 利用气味防治啮齿类动物[J]. 农业环境与发展, 6(4): 46.

彭学聪, 杨秀芬, 邱德文, 等. 2013. 蛋白激发子 hrip1 基因在拟南芥中表达可提高植株的耐盐耐旱能力[J]. 作物学报, 39(8): 1345-1351.

邱德文. 2016. 我国植物免疫诱导技术的研究现状与趋势分析[J]. 植物保护, 42(5): 10-14.

邱家生, 汤昌文, 邵建英, 等. 2021. J2020 紫光光诱松褐天牛技术的林间作业标准研究[J]. 农业灾害研究, 11(12): 1-2.

仇相玮. 2020. 减施农药: 农户行为及其效应研究[D]. 山东农业大学博士学位论文.

涂国平. 2021. 苏云金杆菌林间防治竹舞蚜试验[J]. 南方农业, 15(3): 86-87, 90.

汪末根, 潘兰贵, 江雪芳, 等. 2021. 淳安县柑橘绿色防控及经济效益分析[J]. 浙江农业科学, 62(2): 386-388.

汪中明, 齐艳梅, 李燕羽, 等. 2018. 几种储粮害虫对黄色和蓝色的趋避性研究[J]. 粮油食品科技, 26(1): 84-87.

王露露, 岳英哲, 孔晓颖, 等. 2020. 植物免疫诱抗剂的发现、作用及其在农业中的应用[J]. 世界农药, 42(10): 24-31.

王文霞, 尹恒, 赵小明, 等. 2014. 糖链植物疫苗研究新进展[J]. 中国植保导刊, 34(9): 17-22.

王志刚, 苏智, 刘明虎, 等. 2018. 新疆杨与北抗杨抗光肩星天牛特性的比较[J]. 林业科学, 54(9): 89-96.

魏然, 吴俊彦, 张习文, 等. 2022. 昆虫信息素应用于害虫绿色防控的研究进展[J]. 黑龙江农业科学, (12): 95-99.

夏敬源. 2010. 大力推进农作物病虫害绿色防控技术集成创新与产业化推广[J]. 中国植保导刊, 30(10): 5-9.

徐世才, 贺达汉, 刘军和, 等. 2006. 小菜蛾成虫对沙芥的产卵嗜好性的初步研究[J]. 昆虫知识, 43(2): 184-186.

严海连, 白晓拴. 2022. 我国农业病虫害绿色防控技术综述[J]. 安徽农业科学, 50(24): 5-9.

杨程方. 2021. 信息素养、绿色防控技术采用行为对农户收入的影响研究: 基于山东寿光 786 户蔬菜种植户的实证[D]. 西北农林科技大学硕士学位论文.

杨金兰, 李永辉, 刘艳波, 等. 2020. 萝卜病虫害的综合防治技术措施[J]. 黑龙江农业科学, (11): 141-145, 148.

杨普云, 熊延坤, 尹哲, 等. 2010. 绿色防控技术示范工作进展与展望[J]. 中国植保导刊, 30(4):

37-38.

殷文奇, 田伏红, 郑三军, 等. 2020. 浅谈林业技术创新与现代林业的发展[J]. 花卉, (10): 234-235.

张立霞. 2023. 绿色防控技术对小麦产量及品质的影响[J]. 中国农业文摘-农业工程, 35(2): 38-41.

赵利民. 2019. 农药安全使用及用药技术推广应用[J]. 农业工程技术, 39(32): 61-62.

朱水芳, 杨益芬. 2018. 植物检疫几个关键理论问题的初探[J]. 植物检疫, 32(1): 1-18.

邹华南. 2015. 不同混交模式马尾松林与松墨天牛种群动态的关系[J]. 生物灾害科学, 38(2): 133-136.

祖雪, 周瑚, 朱华珺, 等. 2022. 枯草芽孢杆菌 K-268 的分离鉴定及对水稻稻瘟病的防病效果[J]. 生物技术通报, 38(6): 136-146.

第 2 章　舞毒蛾生物学特性及防治研究进展

2.1　形态学特征

成虫　舞毒蛾雄成虫体长 1.5～2.0cm，翅展 3.6～5.0cm，前翅褐色，前翅前缘至后缘有较明显的 4 或 5 条浓褐色波状横带，外缘呈深色带状，中室中央有一黑点，后翅色较浅。雌成虫体长 2.0～3.0cm，翅展 5.5～8.0cm，触角栉齿短，前翅约为灰白色，腹部肥大，每 2 条脉纹间有 1 个褐色斑点，腹末端有黄褐色毛丛。

卵　淡黄色，圆形稍扁，直径约 1.2mm，初期杏黄色，后逐渐加深至紫褐色。数百至上千粒卵为 1 个卵块，卵块上覆盖较厚的黄褐色绒毛。

幼虫　1 龄幼虫紫褐色，刚毛长并具泡状毛；2 龄幼虫黑褐色，胸腹 2 个黄斑；3 龄幼虫黑灰色，斑纹增多；4～5 龄幼虫褐色，头面 2 条黑条纹；6～7 龄条黄褐色，淡褐色头部散生黑点，"八"字纹宽大；老熟幼虫体长 5.0～7.0cm，头部黄褐色，体黑褐色，亚背线、气门上线与下线处的毛瘤成 6 列，第 1～第 5 节和第 12 节背毛瘤蓝色，第 6～第 11 节背毛瘤橘红色，体侧小瘤红色，足黄褐色。1～7 龄幼虫头宽分别为 0.5mm、1.0mm、1.8mm、3.0mm、4.4mm、5.3mm、6.0mm。

蛹　无茧，呈纺锤形，长 1.8～3.5cm，雌蛹较雄蛹大，通体红褐色或黑褐色，各腹节背毛锈黄色，臀棘钩状（陈明，2013）。

2.2　鉴别特征及生活习性

舞毒蛾（*Lymantria dispar*），别名秋千毛虫、苹果毒蛾、柿毛虫，隶属于鳞翅目、毒蛾科，为世界性食叶害虫（兰星平和万志民，1996）。

我国分布于内蒙古、黑龙江、吉林、辽宁、陕西、甘肃、宁夏、新疆、青海、北京、河南、山东、山西、江西、湖南、四川、贵州、台湾等，国外分布于日本、朝鲜、欧洲和美洲。舞毒蛾食性广泛，国外报道可取食 300 余种植物，我国文献记载可取食 500 多种植物（李丽等，2009；McCormick et al.，2019）。主要寄主有杨、柳、榆、栎、落叶松、椴、云杉等树木，也有为害水稻等农作物的记录（胡春祥，2002）。

舞毒蛾孵化幼虫有吞食卵壳的习性，气温转暖时上树取食嫩芽和嫩叶，如遇低温，幼虫大量死亡，上树时间也随之推后。幼虫有吐丝下垂习性，能借助风力传播蔓延，体毛起到风帆作用。幼虫白天多群栖在树叶背面，取食后的树叶为孔洞状。幼虫有昼伏夜出的习性，2 龄后的幼虫一般分散开来，白天隐蔽在避光避风的石块下、树皮后，太阳下山即出来觅食，天亮时又爬回隐蔽处躲藏。老熟幼虫一般在隐蔽处结成虫蛹，在舞毒蛾发生树木附近的石块下、树缝内均可发现。成虫后，舞毒蛾口器退化，不再补充营养。雌虫腹部膨大，不便起飞，通常静伏于树干或杂灌、草丛中。大发生时，雌虫之间相互簇拥可包围整个树干。雌虫释放性信息素吸引雄虫交尾。雄虫可与一只以上的雌虫交尾，而雌虫只能交尾一次。雌虫在交尾当晚便可产卵，卵块多产于树干距离地面 2m 以下的背风面或者树干基部，或者产于高大树木枝丫、建筑物墙面、墙缝等处。不受干扰的情况下，一只雌虫只产一个卵块，一个卵块有卵粒 300 粒左右（兰星平和万志民，1996；陈明，2013）。

2.3　生　活　史

一年一代，已完成胚胎发育的幼虫于卵中越冬，翌年 4 月下旬至 5 月上旬孵化，2 龄后幼虫爬行能力较强，食量较大，以植物叶片或芽苞为食。雄幼虫 5 龄、雌幼虫 6 龄，食物不良时 7 龄，幼虫期约为一个半月。每年 6 月底至 7 月初，老熟幼虫于树干、树洞、叶间、枯枝落叶层吐丝化蛹。舞毒蛾蛹主要藏于林木枝叶、树皮缝、树干裂缝、石块下等处，不易被发现。蛹期 12～17d，羽化盛期为 7 月下旬至 8 月，成虫寿命 10～12d（陈明，2013）。

2.4　天　敌　防　治

天敌昆虫利用的主要原则是安全性，一是对生态环境安全，不能因为释放天敌而造成生态环境破坏；二是对生物安全，确保对人、有益昆虫和有益植物安全无害，满足以上两点才可以大面积推广（庞建军和张淑萍，2004）。

舞毒蛾发育主要经历卵、幼虫、蛹、成虫 4 个时期。卵期的主要寄生天敌如大蛾卵跳小蜂（*Ooencyrtus kuvanae*）、舞毒蛾卵平腹小蜂（*Anastatus disparis*）等，采集地最高寄生率为 5.2%～10.9%。幼虫期的主要天敌为绒茧蜂、寄蝇类、悬茧蜂和寄蝇等，7 个采集地的平均寄生率为 9.55%。蛹期的天敌主要有舞毒蛾黑瘤姬蜂（*Coccygomimus disparis*）、脊腿囊爪姬蜂腹斑亚种（*Theronia atalantae gestator*）、广大腿小蜂（*Brachymeria lasus*）、麻蝇和寄蝇等，平均寄生率为 19.08%（冯继华等，1999；许娜和孙宝丽，2009）。此外，捕食性天敌有各种鸟类、异色瓢虫、中华星步甲（*Calosoma chinense*）、蜘蛛等（刘长利，2017）。

2.5 微生物防治

微生物防治指病原微生物通过侵染、释放毒素和酶等方式来控制害虫，是生物防治的重要组成部分。微生物防治害虫是现代农业生产中的重要措施之一。在害虫防治方面，可利用的微生物是多种多样的，包括真菌、细菌和病毒等。

常用的病原真菌有球孢白僵菌和绿僵菌。球孢白僵菌防治害虫时，应注意温度、湿度等条件，只有在高湿、温度适宜的情况下才会出现白僵病的流行，湿度条件尤为重要。在北方，6～7 月的雨季是用球孢白僵菌防治舞毒蛾的最佳时期（董德军等，2005）。常用 100 亿/g 球孢白僵菌粉剂或 1 亿/ml 的球孢白僵菌菌液来防治舞毒蛾幼虫（李孟楼，2010），或者用竹节虫卵孢白僵菌粉剂和松毛虫卵孢白僵菌粉剂对舞毒蛾 3～5 龄幼虫使用活孢子含量为 50 亿/g 的菌粉 2g/m^2，施菌 16d，可使舞毒蛾幼虫感染，死亡率、校正死亡率均达到 85%以上；使用喷粉机按 30kg/hm^2 的剂量林间喷施竹节虫卵孢白僵菌粉剂防治舞毒蛾 3～5 龄幼虫的效果达 80%以上，可有效地控制舞毒蛾对林木的危害（董德军等，2005）。

绝大多数苏云金芽孢杆菌变种对鳞翅目幼虫有毒杀活性，常用 0.5 亿～0.7 亿孢子/ml 的苏云金芽孢杆菌来防治舞毒蛾幼虫（李孟楼，2010）。在幼虫 1～3 龄时，也可用青虫菌 0.1 亿孢子/ml 的菌液或杀螟杆菌 1 亿孢子/ml 的菌液防治，幼虫虫口减退率均可达到 85%以上（丁峰和高宗川，2016）。

舞毒蛾核型多角体病毒对舞毒蛾幼虫具有一定的感染效果。飞机喷洒舞毒蛾核型多角体病毒是生物防治舞毒蛾的重要手段之一，害虫死亡时间一般为 32d 左右，死亡率可达到 85%以上，喷洒时最好在傍晚进行（胡春祥，2002）。防治舞毒蛾时常在幼虫 1～3 龄时向树叶喷洒舞毒蛾核型多角体病毒悬浮液，可达到防治效果。舞毒蛾核型多角体病毒悬浮液一般是将病毒死虫尸磨碎稀释成 4000～5000 倍液（应含多角体 2×10^6～10×10^6 个/ml）或病毒死虫尸磨碎稀释成 10 000 倍液（应含多角体 10^6 个/ml）（战怀利等，2010）。

2.6 转基因植物防治

转基因植物的防治原理是基于外源抗虫基因整合到植物基因组中，使植物产生抗虫蛋白，这些蛋白可以杀死害虫或干扰其生长发育，从而达到抗虫的效果。通过农杆菌介导法、基因枪转化法、电激法、花粉管通道法等方式将外源抗虫基因整合到植物基因组中以获得转基因植株，转基因植株分泌的活性肽与害虫体内的特异性受体蛋白结合，通过释放代谢物影响害虫生长或使其体内组织受损。目前，选择有效的外源基因是转基因植物防治害虫的关键。

最早发现的抗虫基因是从细菌中分离出的苏云金芽孢杆菌杀虫结晶蛋白基

因。Bt 毒蛋白进入昆虫肠道后水解成具有毒性的小分子多肽，并与昆虫中肠组织结合，导致昆虫停止进食甚至死亡（贺熙勇等，2008）。McCown 等（1991）首次将获得的转 Bt 基因杨树应用于舞毒蛾防治，对舞毒蛾幼虫的致死率可达 60%。Bt 基因在不同杨树中的表达对舞毒蛾幼虫均表现出一定的抗虫性，幼虫取食转 CryIIA（c）基因的欧洲黑杨（Populus nigra），在 5～9d 的校正死亡率达到 100%（田颖川等，1993）；表达 CryIA（c）基因的欧美杨（Populus euramericana）可使舞毒蛾 2 龄幼虫对转基因植株表现出拒食性并发生死亡（王学聘等，1997；饶红宇等，2000）；以转入 Bt 毒蛋白基因的美洲黑杨×小叶杨（Populus deltoides×Populus simonii，NL-80106）F1 代无性系植株为研究对象，发现转基因杨树可显著抑制舞毒蛾 1 龄幼虫的生长，并表现出毒杀效果，校正死亡率为 83.33%；在健杨 94 中，表达 Bt 基因对舞毒蛾的毒杀效果明显，杀虫率为 73.3%～100%（侣传杰等，2008）。除 Bt 基因外，昆虫特异性神经蝎毒素 AaIT 和豇豆胰蛋白酶抑制剂 CpTI 基因在杨树中表达也会对舞毒蛾幼虫产生抗虫性（伍宁丰等，2000；Zhang et al.，2002）。

长期进化使舞毒蛾易对转单基因植物产生耐受性，人们又将两种或两种以上不同杀虫机制的基因转入植物，以提高转基因植物的抗虫性。Bt Cry I Ac 和慈菇蛋白酶抑制剂（API）基因共同作为目的基因在 741 毛白杨 [Populus alba×（Populus davidiana+Populus simonii）×Populus tomentosa]、三倍体毛白杨和毛白杨无性系 85 号中的表达均显著提高了舞毒蛾幼虫的死亡率，死亡率高达 80% 以上，并且在转双抗基因的三倍体毛白杨上未死亡的幼虫也会出现发育缓慢、发育历期延长和无法正常化蛹的现象（郑均宝等，2000；Tian et al.，2000；Yang et al.，2003；杨敏生等，2006；李科友等，2007）。

舞毒蛾 1 龄幼虫在转 Bt 基因欧洲黑杨的死亡率为 40% 以上，而在转 Bt 和蛋白酶抑制剂（proteinase inhibitor）双抗虫基因欧洲黑杨的死亡率高达 100%，说明转双抗虫基因的欧洲黑杨具有较高的抗虫性，这在舞毒蛾的生物防治中具有良好的应用前景（李明亮等，2000）。Rao 等（2001）将 CryIA 和 CpTI 基因转入杨树 NL-80106 中，舞毒蛾幼虫取食 12d 后死亡率最高可达 89.3%。通过对 1 年生、2 年生和 6 年生的转 CryIAc 和 API-A 基因的三倍体毛白杨进行杀虫活性测定，发现 1 年生和 2 年生的高毒性转基因植物占到 80% 以上，且幼虫死亡率均为 80% 以上，而 6 年生的高毒性转基因植株死亡率仅 63.2%，说明转基因植株对舞毒蛾的毒力与树龄相关（Ren et al.，2018）。

Bt 基因 C 肽与蜘蛛杀虫肽基因可作为转基因植株的目的基因，并在舞毒蛾防治方面具有很高的应用价值（詹亚光等，2003）。转 Bt 基因 C 肽与蜘蛛杀虫肽基因白桦（Betula platyphylla）通过破坏舞毒蛾幼虫的中肠组织，使中肠细胞间隙增大甚至脱落，从而影响幼虫取食（王志英等，2005）。进一步分析转 Bt 基因 C 肽与蜘蛛杀虫肽基因白桦的杀虫性，发现取食转基因白桦会使舞毒蛾幼虫体重降低，发育历期延长，且无一发育到 5 龄，死亡率为 95.89%（薛珍，2004；王志英等，2007）。在小黑杨（*Populus simonii×Populus nigra*）中表达 *Bt* 基因 C 肽与蜘蛛杀虫肽基因，发现转基因小黑杨对舞毒蛾幼虫的杀虫机理及抗虫性与转基因白桦一致（姜静等，2004；赵红盈和徐学恩，2010）。Cao 等（2010）进一步研究发现，舞毒蛾幼虫取食偏好非转基因小黑杨，而取食转基因小黑杨幼虫的类胰蛋白酶活性和胰凝乳蛋白酶活性显著高于对照幼虫，营养利用较低。Ding 等（2017）用转 *Cry1Ac+SCK* 基因、转 *Cry1Ah3* 基因或转 *Cry9Aa3* 基因的 3 种山新杨（*Populus davidiana×Populus bolleana*）分别饲喂舞毒蛾 1 龄幼虫 5d 发现，取食转 *Cry1Ac+SCK* 基因和转 *Cry1Ah3* 基因山新杨的平均死亡率分别为 97%和 91%，而取食转 *Cry9Aa3* 基因山新杨的死亡率仅为 49%，说明 *Cry1Ac+SCK* 和 *Cry1Ah3* 两种转基因品系具有高毒性，而 *Cry9Aa3* 转基因品系的毒性较低。

随着 RNA 干扰（RNA interference，RNAi）技术的发展，RNAi 介导的转基因植物也将有望用于有害生物防治。植物介导的舞毒蛾 RNAi 可通过幼虫对转基因植株取食来沉默相关基因的表达，进而影响幼虫的生长发育及存活，以达到抗虫目的。问荣荣（2017）获得 *LdUSP* dsRNA 转基因 84k 杨，舞毒蛾取食该杨后相应的 mRNA 水平降低，取食该杨的幼虫鲜重有所下降，但无明显的表型。Sun 等（2022）获得 *CYP6B53* dsRNA 转基因山新杨，可有效沉默舞毒蛾 *CYP6B53* 基因的表达，降低舞毒蛾幼虫在转基因株系上的营养利用率，幼虫表现出明显的拒食性，幼虫取食更偏好于对照株系。虽然此方法开辟了新的舞毒蛾防治手段，为下一步试验研究提供了新的方法和思路，但要通过取食 RNAi 介导的转基因植物沉默舞毒蛾代替传统防治方式还需要进一步研究。

2.7 化 学 防 治

传统化学药剂主要作用于昆虫的神经系统。传统化学药剂中 2.5%溴氰菊酯乳剂、40%氧化乐果乳油、40%久效磷乳油对舞毒蛾幼虫的平均致死率均达到88.25%以上（赵方桂等，1994）；50%辛硫磷乳油、20%速灭杀丁 3000～5000 倍稀释液对舞毒蛾 5～6 龄幼虫的防效可达 80%以上（许文儒等，1982），2.5%溴氰菊酯、80%敌敌畏乳油、35%赛丹乳油（李丽等，2009）、20%除虫脲（许娜和孙宝丽，2009）、10%敌马烟剂（陈全涉，1999）、40.7%毒死蜱乳油、三唑磷、30%乙酰甲胺磷乳油、吡虫啉、灭幼脲悬浮剂等常用于舞毒蛾的林间防治。

生物源杀虫剂阿维菌素、苦参碱、多杀菌素等均具有良好的杀虫效果（鄂杰明等，2012）。昆虫生长调节剂作为新型、高效、环境友好、可持续控制的农药类型，在 1995 年提出之后迅速发展。它与传统农药作用于昆虫神经系统不同，是影响昆虫的生长发育阶段，抑制昆虫取食、蜕皮等生理过程。昆虫生长调节剂可分为保幼激素类似物、几丁质合成抑制剂、蜕皮激素类似物 3 类（白小军和王晓菁，2006）。保幼激素类似物包括烯虫酯（蒋志胜等，1998）、烯虫乙酯、烯虫硫酯、烯虫炔酯（于杰，2013）、双氧威、哒幼酮（刘建涛等，2006）等。几丁质合成抑制剂包括杀铃脲、除虫脲、氟铃脲、氟虫脲、氟啶脲、氟苯脲、灭幼脲（王彦华和王鸣华，2007）。蜕皮激素类似物包括抑食肼和虫酰肼（吴钜文，2002；王彦华和王鸣华，2007）。

　　由于化学防治具有低成本、高效快速等特点，化学防治成为舞毒蛾等害虫暴发时使用的最主要手段之一，可以在短时间内大幅度降低虫口密度，降低农林损失。针对舞毒蛾卵越冬期长，幼虫危害期长，初孵幼虫可以吐丝下垂随风扩散，成虫有群集产卵等特点，对舞毒蛾的施药方法主要包括以下几种。①喷雾防治，如 25% 灭幼脲悬浮剂 2000～4000 倍液均匀喷雾。②喷烟防治，如 2.5% 溴氰菊酯乳油 1500～2000 倍液均匀喷施。使用喷雾防治和喷烟防治时，要提前于标准喷洒区放置相隔相同距离的熏有氧化镁薄层的若干载玻片（张国财，2002）。喷雾防治结束后，回收载玻片，在显微镜下观察雾滴直径和数目，计算雾滴密度，从而可求得每公顷的用药量，用于评估药剂的杀虫效率。③烟剂熏杀，如林间燃放 1.2% 苦参碱杀虫烟剂。由于舞毒蛾多发生在山地林区等位置，且植被林分具有明显特点，所以烟剂释放地点一般也选在山地区域，释放烟点按等高线布置，烟点设置距山脊要有一定距离，按照每筒烟剂的防治范围选择相隔距离，沿等高线每隔相同距离设置一个，烟点之间水平距离若过远可设置辅助烟点。白天按要求将烟点布置好，日落后空气温度出现逆增时开始放烟。在燃放烟剂时应注意防火（张国财，2002）。④在树干上使用除虫菊酯类药剂（毒笔、毒纸、毒绳等）划毒环涂树干。将除虫菊酯类药剂按一定比例提前配置好（可提前设置多组稀释浓度和不同的比例配比进行预试验，用于寻找最适配比浓度），将纸条或纸绳浸泡在药液内 10h 后晾干，再将晾干的毒纸和毒绳按一定距离围成 1～3 道闭合毒环；或将配置好的药剂在树干上涂刷 20～40cm 的闭合毒环。幼虫经过时可触发药剂的触杀作用，起到杀虫效果（安广弛，1991）。

2.8　其他防治方法

　　除天敌防治、微生物防治、转基因植物防治、化学防治外，其他防治舞毒蛾的方法主要包括检疫防治、物理机械防治、林业技术防治和昆虫不育技术等。

2.8.1　检疫防治

　　检疫防治主要指通过人为检疫手段避免检疫对象进入未受危及的区域或检疫对象在该区域得到控制不致成灾的区域的防治方法。检疫防治主要包括检疫过程和除害处理两部分。

对于舞毒蛾，检疫过程主要包括针对舞毒蛾偏好的寄主植物及其植物组织进行严格检疫，并对疫区的人员、运输工具等进行排查，防止舞毒蛾随寄主植物传播或随人员流动进行传播扩散。除害处理指通过一系列措施对带虫植物进行处理，以达到杀灭虫体的目的。常用措施有使用 $40\sim60g/m^3$ 的溴甲烷溶液进行帐幕熏蒸处理或微波加热配合惰性气体处理。

2.8.2　物理机械防治

物理机械防治指利用物理因子或者机械作用来干扰有害生物的生长、发育、繁殖，进而防治有害生物。物理因子包括光、温度、湿度、射线、高频电流、辐射电磁波等。

主要防治方法包括：①灯光诱杀。利用舞毒蛾对光的趋性，使用黑光灯（张军生，2000）、白炽灯、高压汞灯等进行诱集并集中捕杀（李伟等，1997）。②种子苗木除害处理。通过高温（40～60℃）浸种、蒸汽熏烘等，杀灭种苗中的虫卵。③人为捕杀，人工排卵和摘茧。由于舞毒蛾卵集中产于向阳背风处并成块状，可以在 4 月前当年幼虫未孵化时以及成虫产卵和结茧化蛹盛期进行人工摘除。

2.8.3　林业技术防治

（1）营造混交林：适地适树营造混交林。通过株间带状或块状混交造林，使林内生物种类变得复杂，生物群落变得稳定。

（2）抗性育种：选育优良树种，对拒降落、拒产卵和拒食性高抗植株进行选育利用。

（3）消毒处理：对种子、苗木、土壤进行 40～60℃高温浸泡、蒸烘消毒、10～15g/m³ 的溴甲烷溶液熏蒸处理等。

（4）林分抚育：加强成幼林抚育管理，采用封山育林、加强抚育等措施促进幼林提早郁闭；适时抚育间伐修枝，使林分通风透光，单层林变成复层林，纯林变成混交林。

（5）保护天敌：包括保护捕食性天敌、病原微生物等。主要方式是通过控制使用化学药剂，保护栖息地等（张国财，2002）。

（6）预测预报：采用科学的方法观察有害生物的发生发展动态，再用这些数据与当地自然状况相结合进行害虫发生期和发生量预测。采用的方法主要包括物候法、有效积温法、历期法、期距法等（郭线茹等，2000）。

2.8.4　昆虫不育技术

昆虫不育技术指将不具有繁殖性状的昆虫个体引入当地天然种群中，使其后代失去繁殖能力的技术。主要采用辐照处理、RNAi 技术、CRISPR（clustered regularly interspaced short palindromic repeats）/Cas9 技术等将昆虫有关性别、繁殖方面的基因或相关蛋白进行干扰或破坏。

辐照处理就是利用离子化能照射害虫，使之不育或不能完成正常生活史（李咏军等，2005）。常用的离子化能有 γ 射线、X 射线无线电波、微波、红外线、可见光和紫外线等（王跃进，2001）。因为电离辐射能引起碱基变化、糖基损伤、单链和双链断裂以及 DNA 和蛋白质的交联损伤，这些损伤能使昆虫蛋白质分子发生改变，破坏昆虫新陈代谢，抑制昆虫 DNA 和 RNA 的正常表达，导致昆虫生殖细胞染色体易位等变化，破坏昆虫生殖腺，造成昆虫个体不育。辐照处理具有对人类和天敌无害、不污染环境、专一性强、防治效果持久等优点（王胜利，2008）。

RNAi 是指真核生物中由 RNA 介导的保守调节机制，由双链 RNA（double-stranded RNA，dsRNA）诱发的、同源 mRNA 高效特异性降解的现象（Mello and Conte，2004）。外源性基因通过注射等方法随机整合到宿主细胞基因组内进行转录时，常产生 dsRNA，被宿主细胞中的核酸内切酶 Dicer 切割成多个具有特定长度和结构的干扰小 RNA（small interfering RNA，siRNA）。siRNA 在细胞内 RNA 解旋酶的作用下解链成正义链和反义链，继而再由反义 siRNA 与体内一系列酶结合形成 RNA 诱导的沉默复合物（RNA- induced silencing complex，RISC）。RISC 与外源性基因表达的 mRNA 的同源区进行特异性结合，在结合部位进行切割，被切割后的断裂 mRNA 随即降解，从而诱发宿主细胞针对这些 mRNA 的降解反应。siRNA 不仅能引导 RISC 切割同源单链 mRNA，而且可作为引物与靶 RNA 结合并在 RNA 聚合酶作用下合成更多新的 dsRNA，使 RNAi 的作用进一步放大，最终将靶 mRNA 完全降解。RNAi 技术具有高特异性、高效、可遗传等特点，可以利用该项技术对昆虫繁殖方面的基因进行定向沉默，造成昆虫个体不育。

CRISPR/Cas9 技术是 crRNA（CRISPR-derived RNA）通过碱基配对与反式激活 crRNA（trans-activated CRISPR RNA，tracrRNA）结合形成 tracrRNA/crRNA 复合物，此复合物引导核酸酶 Cas9 蛋白与 crRNA 配对的序列靶位点剪切双链 DNA（刘素宁等，2018）。通过人工设计，这两种 RNA 可以改造形成具有引导作用的单导向 RNA（single guide RNA，sgRNA），引导 Cas9 蛋白对 DNA 的定点切割，使 DNA 双链断裂，从而达到基因敲除的目的。这项技术可以定向敲除昆虫繁殖相关的基因，从而培育出昆虫不育突变体。

辐照处理由于难以保持不育雄成虫在害虫整个生活期中的适当比例，以及雄成虫的存活期过短、不易储藏等特点，因而不能满足大规模防治的需要。RNAi

技术和 CRISPR/Cas9 技术当前仍处于试验阶段，受限于成本、效率和稳定性等诸多因素，有待于进一步开发利用。

主要参考文献

安广弛. 1991. 拟除虫菊酯毒纸和毒绳防治舞毒蛾试验[J]. 落叶果树, (2): 27-29.

白小军, 王晓菁. 2006. 昆虫生长调节剂的抗性治理对策[J]. 农业科学研究, 27(2): 88-91.

陈明. 2013. 舞毒蛾习性特征及初期防治[J]. 农村科技, (11): 45-46.

陈全涉. 1999. 舞毒蛾测报与防治方法的初步研究[J]. 东北林业大学学报, 27(1): 63-66.

丁峰, 高宗川. 2016. 舞毒蛾生物学特性观察及综合防治技术研究[J]. 中国林副特产, (5): 36-37.

董德军, 范春楠, 孙学瑞. 2005. 卵孢白僵菌防治舞毒蛾试验报告[J]. 宁夏农林科技, (6): 26-27.

冯继华, 闫国增, 姚德富, 等. 1999. 北京地区舞毒蛾天敌昆虫及其自然控制研究[J]. 林业科学, 35(2): 53-59.

郭线茹, 马继盛, 罗梅浩, 等. 2000. 烟夜蛾 Helicoverpa assulta (Guenée)研究新进展[J]. 中国烟草学报, 6(3): 37-42.

贺熙勇, 陈善春, 彭爱红. 2008. 转基因植物的分子检测与鉴定方法及进展[J]. 热带农业科技, (1): 39-44, 52.

胡春祥. 2002. 舞毒蛾生物防治研究进展[J]. 东北林业大学学报, 30(4): 40-43.

姜静, 常玉广, 董京祥, 等. 2004. 小黑杨转双价抗虫基因的研究[J]. 植物生理学通讯, 40(6): 669-672.

蒋志胜, 尚稚珍, 杨淑华. 1998. 保幼激素类似物前体杀虫剂[J]. 世界农业, (5): 27.

兰星平, 万志民. 1996. 舞毒蛾生物学特性与防治技术研究[J]. 贵州林业科技, 24(4): 1-6.

李科友, 樊军锋, 赵忠, 等. 2007. 转双价抗虫基因毛白杨无性系 85 号抗虫性研究[J]. 西北植物学报, 27(8): 1537-1543.

李丽, 邓志刚, 毛洪捷. 2009. 舞毒蛾的生活习性及其防治[J]. 吉林林业科技, 38(4): 55-56.

李孟楼. 2010. 森林昆虫学通论[M]. 2 版. 北京: 中国林业出版社.

李明亮, 张辉, 胡建军, 等. 2000. 转 Bt 基因和蛋白酶抑制剂基因杨树抗虫性的研究[J]. 林业科学, 36(2): 93-97.

李伟, 张连杰, 韩秀蛾. 1997. 高压电网灭虫器诱杀舞毒蛾的效果[J]. 内蒙古林业科技, 23(S1): 94-96.

李咏军, 吴孔明, 郭予元. 2005. ^{60}Co-γ 辐射对烟青虫飞翔和繁殖生物学的影响[J]. 中国农业科学, 38(3): 619-623.

刘长利. 2017. 我国舞毒蛾防治技术的研究进展探析[J]. 农村经济与科技, 28(24): 21.

刘建涛, 赵利, 苏伟. 2006. 昆虫保幼激素及其类似物的应用研究进展[J]. 安徽农业科学, 34(11): 2446-2448.

刘素宁, 李胜, 任充华. 2018. CRISPR 系统用于昆虫基因表达调控的研究进展与展望[J]. 昆虫学报 61(12): 1481-1487.

庞建军, 张淑萍. 2004. 天敌昆虫利用技术[Z] // 中国风景园学会植物保护专业委员会, 中国风景园林学会. 全国园林植保第十三次学术讨论会论文摘要集. 太原.

饶红宇, 陈英, 黄敏仁, 等. 2000. 杨树 NL-80106 转 Bt 基因植株的获得及抗虫性[J]. 植物资源与环境学报, 9(2): 1-5.

伲传杰, 高桃生, 李多山. 2008. 健杨 94 的抗虫性试验[J]. 林业科技开发, 22(2): 82-84.

田颖川, 李太元, 莽克强, 等. 1993. 抗虫转基因欧洲黑杨的培育[J]. 生物工程学报, 9(4): 291-297.

王胜利. 2008. γ 射线辐照防治舞毒蛾研究[D]. 东北林业大学硕士学位论文.

王学聘, 韩一凡, 戴莲韵, 等. 1997. 抗虫转基因欧美杨的培育[J]. 林业科学, 33(1): 69-74.

王彦华, 王鸣华. 2007. 昆虫生长调节剂的研究进展[J]. 世界农药, 29(1): 8-11.

王跃进. 2001. 检疫除害处理概述[M]. 珠海: 全国植物检疫培训资料.

王志英, 范海娟, 薛珍, 等. 2005. 转基因白桦抗性等级划分及其对幼虫中肠的影响[J]. 东北林业大学学报, 33(3): 38-39.

王志英, 问荣荣. 2014. RNAi 技术介导舞毒蛾热激蛋白 Hsp40 基因功能分析[J]. 安徽农业科学, 42(26): 8890-8893.

王志英, 薛珍, 范海娟, 等. 2007. 转基因白桦对舞毒蛾的抗性研究[J]. 林业科学, 43(1): 116-120.

问荣荣. 2017. RNAi 介导的舞毒蛾 USP 基因沉默及转基因植物抗虫性研究[D]. 东北林业大学博士学位论文.

吴钜文. 2002. 昆虫生长调节剂在农业害虫防治中的应用[J]. 农药, 41(4): 6-8.

伍宁丰, 孙芹, 姚斌, 等. 2000. 抗虫的转 AaIT 基因杨树的获得[J]. 生物工程学报, 16(2): 129-133.

许娜, 孙宝丽. 2009. 舞毒蛾的发生及防治[J]. 现代农业科技, (17): 172-173.

许文儒, 高塞俊, 李敬涛. 1982. 辛硫磷防治天幕毛虫、舞毒蛾等柞木害虫研究初报[J]. 蚕业科学, 8(2): 117-118.

薛珍. 2004. 转 Bt C 肽+蜘蛛杀虫肽基因白桦的杀虫性及杀虫机理的研究[D]. 东北林业大学硕士学位论文.

鄢杰明, 严善春, 曹传旺. 2012. 多杀菌素对舞毒蛾保护酶及几丁质酶的影响[J]. 北京林业大学学报, 34(1): 80-85.

杨敏生, 李志兰, 王颖, 等. 2006. 双抗虫基因对三倍体毛白杨的转化和抗虫性表达[J]. 林业科学, 42(9): 61-68.

于杰. 2013. 化学药剂对舞毒蛾的杀虫作用研究[D]. 东北林业大学硕士学位论文.

詹亚光, 王玉成, 王志英, 等. 2003. 白桦的遗传转化及转基因植株的抗虫性[J]. 植物生理与分子生物学学报, 29(5): 380-386.

战怀利, 李忠宇, 刘胜华. 2010. 舞毒蛾综合防治措施及方法[J]. 内蒙古林业调查设计, 33(2): 83.

张国财. 2002. 舞毒蛾防治技术的研究[D]. 东北林业大学硕士学位论文.

张军生. 2000. 灯光诱杀在林业害虫防治中的作用[J]. 内蒙古林业科技, (4): 49-50.

赵方桂, 刘元铅, 李涛, 等. 1994. 化学药剂防治舞毒蛾幼虫试验研究[J]. 山东林业科技, (5): 44-45.

赵红盈, 徐学恩. 2010. 转蜘蛛杀虫肽与 Bt 毒蛋白 C 肽基因小黑杨对舞毒蛾中肠组织结构的影响[J]. 防护林科技, (5): 43-44, 60.

郑均宝, 梁海永, 高宝嘉, 等. 2000. 转双抗虫基因 741 毛白杨的选择及抗虫性[J]. 林业科学, 36(2): 13-19, 129.

Cao C W, Liu G F, Wang Z Y, et al. 2010. Response of the gypsy moth, *Lymantria dispar* to transgenic poplar, *Populus simonii* × *P. nigra*, expressing fusion protein gene of the spider insecticidal peptide and *Bt*-toxin C-peptide[J]. Journal of Insect Science, 10(1): 200-212.

Ding L P, Chen Y J, Wei X L, et al. 2017. Laboratory evaluation of transgenic *Populus davidiana* × *Populus bolleana* expressing *Cry1Ac* + *SCK*, *Cry1Ah3*, and *Cry9Aa3* genes against gypsy moth and fall webworm[J]. PLoS ONE, 12(6): e0178754.

McCormick A C, Arrigo L, Eggenberger H, et al. 2019. Divergent behavioural responses of gypsy moth (*Lymantria dispar*) caterpillars from three different subspecies to potential host trees[J]. Scientific Reports, 9(1): 8953.

McCown B H, McCabe D E, Russell D R, et al. 1991. Stable transformation of *Populus* and incorporation of pest resistance by electric discharge particle acceleration[J]. Plant Cell Reports, 9(10): 590-594.

Mello C C, Conte D Jr. 2004. Revealing the world of RNA interference. Nature, 431: 338-342.

Rao H Y, Wr N F, Huang M R, et al. 2001. Two insect-resistant genes were transferred into poplar hybrid and transgenic poplar shew insect-resistance[J]. Progress in Biotechnology, 18: 239-246.

Ren Y C, Zhang J, Wang G Y, et al. 2018. The relationship between insect resistance and tree age of transgenic triploid *Populus tomentosa* plants[J]. Frontiers in Plant Science, 9: 53.

Sun L L, Gao Y, Zhang Q H, et al. 2022. Resistance to *Lymantria dispar* larvae in transgenic poplar plants expressing *CYP6B53* double‐stranded RNA[J]. Annals of Applied Biology, 181(1): 40-47.

Tian Y C, Zheng J B, Yu H M, et al. 2000. Studies of transgenic hybrid poplar 741 carrying two insect-resistant genes[J]. Acta Botanica Sinica, 42(3): 263-268.

Yang M S, Lang H Y, Gao B J, et al. 2003. Insecticidal activity and transgene expression stability of transgenic hybrid poplar clone 741 carrying two insect-resistant genes[J]. Silvae Genetica, 52(5-6): 197-201.

Zhang Q, Lin S Z, Zhang Z Y, et al. 2002. Test of insect-resistance of transgenic poplar with *CpTI* gene[J]. Forest Ecosystems, 4(2): 27-32.

第 3 章　舞毒蛾分子靶标 *P450* 基因鉴定与功能分析

在漫长的协同进化过程中，昆虫与植物处于攻防动态平衡中（Gatehouse，2002；Schuman and Baldwin，2016）。昆虫取食植物，植物进化出一套防御机制抵御昆虫的侵害（Mithfer and Boland，2012）。同时，昆虫也开发出诸多机制攻破植物的防御功能。例如，昆虫利用体内的解毒酶来对植物产生的次生物质进行解毒或隔离（Browne，1993；Clark and Ray，2016）。近些年来，化学杀虫剂的滥用使昆虫迅速产生抗药性，昆虫体内的解毒酶就是抗药性产生的重要机制。在众多异源化合物的解毒过程中，*P450* 基因家族发挥的解毒作用至关重要（王静静等，2021）。

细胞色素 P450 酶系（CYPs）是存在于所有生物体中的单加氧酶超家族，因其与 CO 结合后在 450nm 波长处有吸收峰，故而得名（Nelson，2018）。随着研究的不断加深，越来越多的 *P450* 基因得到了鉴定，并被证明在生物体内发挥着诸多重要的生理功能。例如，一些 P450 蛋白参与类固醇激素、脂质和脂肪酸等内源性底物的代谢，更为重要的是，有许多 P450 蛋白参与植物毒素、药物和杀虫剂等外源性物质的生理代谢或解毒过程（Feyereisen，2005）。在昆虫中，CYPs 对异源物质的解毒作用已被充分证明，它参与昆虫抵抗植物防御、抵御杀虫剂毒性的重要过程。CYPs 是超家族酶系，目前包含超过 400 个家族，13 000 个基因（Manikandan and Nagini，2018）。*CYPs* 家族基因命名规则为：以 "CYP" 代表细胞色素 P450，随后第 1 个阿拉伯数字代表所属家族，同一家族 P450 成员间序列一致性大于 40%，后面的字母代表亚家族，同一个亚家族成员间序列一致性大于 55%，字母后的阿拉伯数字代表亚家族中的第几个成员，可能是一个特异性的 *P450* 基因、mRNA 或蛋白质（Feyereisen，1999）。值得注意的是，昆虫 P450 的数量变异很大。在 7 种鳞翅目昆虫中，P450 数量与昆虫的食物复杂性有关，而 P450 的功能很大一部分和解毒异源化合物有关（Calla et al.，2017）。运用大数据特异性分析昆虫食性与解毒酶大小的关系，发现类群与食性互作的相关性是显著的，食物越复杂的昆虫体内拥有越多的解毒酶基因（Rane et al.，2019），这说明昆虫对外源有毒物质的解毒代谢能力与昆虫的食性范围和解毒酶基因有关。例如，杂食性的棉铃虫 *CYP6B8* 基因能代谢芦丁、槲皮素和花椒毒素等多种次生物质，而寡食性的珀凤蝶（*Papilio polyxenes*）解毒基因 *CYP6B1* 仅参与线型呋喃香豆素和角型呋喃香豆素代谢，对其他次生物质如 α-萘黄酮、黄酮的代谢能力较弱（Wen et al.，2003）。

　　昆虫体内细胞色素 *P450* 基因主要分布在 CYP4、CYP6、CYP9、CYP28、CYP321 和 CYP12 亚家族中，常参与杀虫剂代谢和抗性相关的 *P450* 基因分布在 CYP4、CYP6、CYP9、CYP12 亚家族中。传统意义上 CYP 被分为两大类：一类涉及异源物质解毒；另一类涉及内源性化合物生物合成。也可按照膜结合形式和可溶性形式对 CYP 进行分类，或者根据亚细胞定位和电子转移过程对 CYP 进行分类（Manikandan and Nagini，2018）。

　　细胞色素 P450 催化能力多样，催化的主要反应有脂肪族和芳香族碳的羟基化，芳香族碳的环氧化，芳胺的羟基化、水解作用、氧化性脱氨、脱氢、脱卤素等（冷欣夫和邱星辉，2001）。P450 在异源化合物的解毒过程中起到重要作用，可在植物毒素被昆虫肠道吸收之前有效破坏毒素的羟化和环氧化过程，以提高昆虫对植物次生物质等有毒物质的耐受性（Feyereisen，1999；Schuler，2011）。前人大量研究证明，昆虫 P450 活性可被植物次生物质诱导。例如，草地贪夜蛾（*Spodoptera frugiperda*）P450 活性可被类黄酮、吲哚-3-甲醇、芥子苷和香豆素等多种植物次生物质诱导增加（Giraudo et al.，2015）；斜纹夜蛾幼虫取食肉桂酸和香豆素 48h 后，其脂肪体内的细胞色素 P450 活性显著增强，分别为对照的 2.93 倍和 14.5 倍（王瑞龙等，2012）；在饲料中添加不同浓度没食子酸饲喂美国白蛾幼虫，幼虫体内 P450 活性均被诱导增加，且各个浓度的处理均高于对照（武磊等，2020）。棉铃虫经槲皮素诱导 24~120h 后，幼虫体内的 P450 酶活性显著增加（Chen et al.，2018a）。同时，昆虫对体内植物次生物质进行解毒代谢通常依赖于体内解毒相关基因的表达，以合成包括 P450 在内的相关酶系参与植物次生物质的代谢过程。Liu 等（2006）研究表明，植物次生物质能对昆虫 CYP 家族基因产生显著诱导作用，其中 CYP6 家族基因的诱导作用已在多种昆虫中被广泛研究证实。例如，槲皮素可诱导棉铃虫解毒酶基因 *CYP6B6* 表达上调（Liu et al.，2006；Chen et al.，2018b）。Li 等（2004）发现绿原酸能强烈诱导棉铃虫 *CYP6B9*、*CYP6B27* 和 *CYP6B28* 基因的表达。除此之外，同种植物次生物质对不同种昆虫诱导的 *P450* 基因不同，如花椒毒素可诱导美洲棉铃虫体内 *CYP321A1* 和 *CYP6B8* 的表达（Li et al.，2004），可使小菜蛾中肠和脂肪体的 *CYP6B1* 诱导表达上调（Petersen et al.，2001）。不同植物次生物质胁迫对同一昆虫 *P450* 基因的表达影响也存在差异，如棉酚对棉铃虫中肠 *P450* 基因 *CYP321A1*、*CYP9A12*、*CYP9A14*、*CYP6AE11* 和 *CYP6B7* 表现为诱导升高效果（Tao et al.，2012），而槲皮素、2-十三烷酮、单宁酸等仅对 *CYP6B6* 有诱导效果（Liu et al.，2006）。

　　昆虫体内功能验证主要运用的技术为 RNAi 技术和 CRISPR/Cas9 技术（王慧东，2019）。体外功能验证是通过建立目的基因异源表达系统获取目的基因蛋白质，目前较为常用的有大肠杆菌异源表达系统、昆虫细胞杆状病毒表达系统、酵母表达系统、烟草细胞表达系统和转基因昆虫（Feyereisen，2006）。除此之外，分子模拟（molecular simulation）作为一门以计算机技术为依托，以量子化学、统计力学为理论基础，对物理和化学过程中分子的微观行为进行仿真的新兴学科，也被用于 *P450* 基因的功能验证，可通过计算机手段探索 P450 蛋白结构和异源化合物相互作用的关系（杨雪清等，2015）。本章研究了植物次生物质和杀虫剂对舞毒蛾 P450 的作用机制，以期挖掘特异性 *CYP* 家族基因，为创制新型杀虫剂及 RNAi 生物农药提供靶标材料。

3.1　舞毒蛾 *P450* 家族基因特性分析

在昆虫中，CYP 对异源物质的解毒作用已被充分证明，并且 CYP 是昆虫适应并抵抗植物防御或抵抗杀虫剂的主要作用靶标位点（Feyereisen，2006）。P450 酶对杀虫剂的代谢是决定杀虫剂对害虫和非目标物种毒性的重要因素，也可能在杀虫剂与目标生物作用位点的接触、穿透和交互过程中发挥关键作用（Li et al.，2004）。CYP 可参与代谢有机磷、拟除虫菊酯和氨基甲酸酯类杀虫剂，降低农药残留水平并导致害虫产生抗药性。探究舞毒蛾 *CYP* 家族基因本身特性以及 *CYP* 家族基因对异源物质的响应，可为抗虫林木育种、植物与昆虫相互作用机制研究提供理论基础，并对合理使用杀虫药剂防治舞毒蛾具有重要指导意义。

通过对舞毒蛾参与杀虫剂代谢的靶标或蛋白质序列进行分析，鉴定出 385 条与抗虫酶（包括羧酸酯酶）同源的序列（表 3-1），其中有 53 个细胞色素 *P450* 基

表 3-1　舞毒蛾体内转录本编码杀虫剂代谢过程中已知的杀虫剂靶标与蛋白质

靶标类别	与非冗余数据库匹配的序列的数目	全长序列的数目
羧酸酯酶	132	54
过氧化氢酶	4	2
细胞色素 *P450*	53	23
谷胱甘肽 *S*-转移酶	33	13
胰蛋白酶	116	51
超氧化物歧化酶	10	6
乙酰胆碱酯酶	7	0
γ-氨基丁酸受体	3	1
烟碱乙酰胆碱受体	13	1
钠离子通道	8	0
蜕皮激素受体	4	0
超气门蛋白	2	1

因，23 个为全长基因。此外，共鉴定出 53 条编码 CYP 家族蛋白的序列，其中 CYP4 家族转录本 9 条、CYP6 家族转录本 15 条、CYP9 家族转录本 9 条。大部分转录本被归为 CYP4、CYP6 和 CYP9 家族，表明这些 CYP 基因发挥着重要的生理功能，并在内源性和外源性底物的代谢中发挥作用。同时，这一结果为进一步研究与杀虫剂抗性相关的舞毒蛾 CYP4、CYP6 和 CYP9 家族基因提供了依据（曹传旺等，2015）。

在舞毒蛾转录组中，通过 BLASTX 程序获取了 12 个 CYP6 基因［CYP6AB37（KF853190）、CYP6AE51（KF853191）、CYP6AB35（KF853192）、CYP6AE52（KF853193）、CYP6B53（KF853194）、CYP6AB34（KF853195）、CYP6AB32（KF853196）、CYP6AB33（KF853197）、CYP6AB36（KF853198）、CYP6CT4（KF853199）、CYP6AN16（KF853200）、CYP6AN15v1（KF853201）］，并在舞毒蛾转录组中得到 CYP6B53、CYP6AB37 和 CYP6AN15v1 全长序列（表 3-2），3 个 CYP6 基因的可读框（ORF）长度分别为 1728bp、1736bp 和 2224bp，推测分别编码 505 个、510 个、512 个氨基酸，预测的蛋白质分子量为 57.71kDa、59.30kDa、59.02kDa，理论等电点为 8.76、8.84、9.03（薛绪亭等，2016）。

表 3-2　CYP6 基因完整可读框特性鉴定

基因	cDNA 长度/bp	成熟蛋白质		
		氨基酸数量/个	理论等电点	蛋白质分子量/kDa
CYP6B53	1728	505	8.76	57.71
CYP6AB37	1736	510	8.84	59.30
CYP6AN15v1	2224	512	9.03	59.02

根据昆虫 CYP6 基因的特性，构建系统发育树。如图 3-1 和图 3-2 所示，28 个 CYP6 基因根据聚类情况分为两组，舞毒蛾 CYP6AN15v1、CYP6B53 和 CYP6AB37 与灰飞虱（Laodelphax striatellus）的 CYP6CS2v1，橘小实蝇的 CYP6D9，白纹伊蚊（Aedes albopictus）的 CYP6Z18，以及冈比亚按蚊（Anopheles gambiae）的 CYP6Z1、CYP6Z2 和 CYP6Z3 聚为一类。CYP6AB37 和 CYP6AN15v1 序列相似性最高（86.19%）。CYP6AB37 与 CYP6AN15v1 和 CYP6B53 相似性分别为 41.76% 和 32.08%，而 CYP6B53 与 CYP6AN15v1 的相似性为 35.45%。

鉴定舞毒蛾体内有关杀虫剂的转录本，选择编码 CYP4 的转录本构建系统发育树（图 3-3）。对已鉴定的鳞翅目昆虫 CYP4 基因进行系统发育分析，发现 CYP4 进化树主要分为 3 支，其中舞毒蛾的 CYP4G81 与家蚕（Bombyx mori）的 CYP4G25、甘蓝夜蛾的 CYP4G20、烟草天蛾（Manduca sexta）的 CYP4G4 和家蚕的 CYP4G22 聚为一支。然而，舞毒蛾的 CYP4G82、CYP4S19 和 CYP4L23 分别与家蚕的

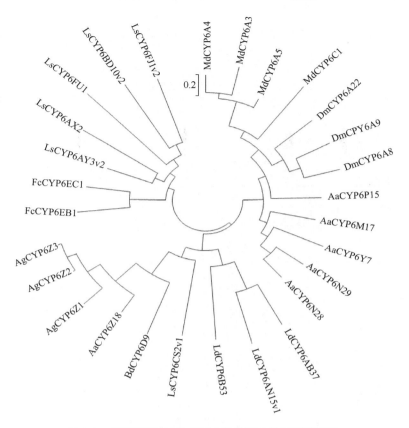

图 3-1　细胞色素 P450 CYP6 家族蛋白的系统发育树

细胞色素 P450 CYP6 家族蛋白序列：橘小实蝇（BdCYP6D9，ADO24531.2）、黑腹果蝇（*Drosophila melanogaster*，DmCPY6A9，Q27594.3；DmCYP6A22，Q9V769.1；DmCYP6A8，Q27593.2）、灰飞虱（LsCYP6FU1，AFU86479.2；LsCYP6AY3v2，AFU86482.1；LsCYP6AX2，AFU86463.1；LsCYP6BD10v2，AFU86445.1；LsCYP6FJ1v2，AFU86439.1；LsCYP6CS2v1，AFU86422.1）、家蝇（MdCYP6C1，AAA69818.1）、冈比亚按蚊（AgCYP6Z2，ABV80276.1；AgCYP6Z1，ABV80275.1；AgCYP6Z3，AAO24698.1）、家蝇（MdCYP6A4，AAA69817.1；MdCYP6A5，AAA82161.1；MdCYP6A3，AAA69816.1）、西花蓟马（FcCYP6EB1，AED99066.1；FcCYP6EC1，AED99065.1）、白纹伊蚊（AaCYP6Y7，AEF79985.1；AaCYP6P15，AEF79987.1；AaCYP6N29，AEF79989.1；AaCYP6M17，AEF79984.1；AaCYP6Z18，AEF79986.1；AaCYP6N28，AEF79988.1）、舞毒蛾（LdCYP6B53、LdCYP6AB37、LdCYP6AN15v1）。

CYP4G24、家蚕的 CYP4AX2 和甘蓝夜蛾的 CYP4L4 亲缘关系较近，聚为一支。

　　将舞毒蛾的 4 个 *CYP9* 基因全长转录本与其他 6 种蛾类的 *CYP9* 基因构建系统发育树，发现舞毒蛾的 CYP9A56 与棉铃虫的 CYP9A14、家蚕的 CYP9A22 和野桑蚕（*Bombyx mandarina*）的 CYP9A22 聚为一簇。舞毒蛾另外 3 种 CYP9A54 变体（CYP9A54v1、CYP9A54v2 和 CYP9A54v3）与棉铃虫的 CYP9A18 聚为一簇（图 3-4）。

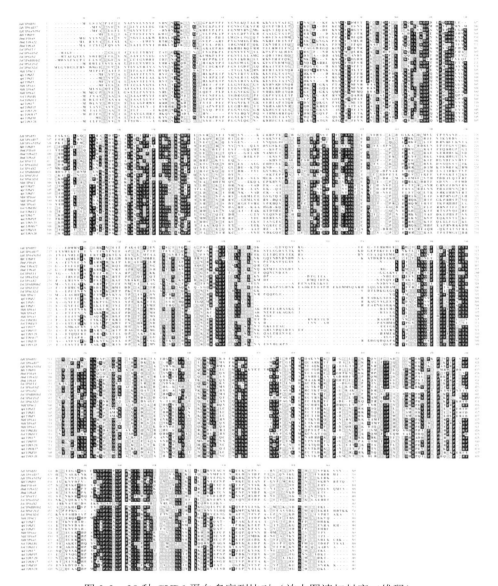

图 3-2　28 种 CYP6 蛋白多序列比对（放大图请扫封底二维码）

相同的和相似的氨基酸残基分别用黑色和灰色的方框表示。28 种 CYP6 蛋白序列：舞毒蛾（LdCYP6B53、LdCYP6AB37、LdCYP6AN15v1）、橘小实蝇（BdCYP6D9，ADO24531.2）、黑腹果蝇（DmCPY6A9，Q27594.3；DmCYP6A22，Q9V769.1；DmCYP6A8，Q27593.2）、灰飞虱（LsCYP6FU1，AFU86479.2；LsCYP6AY3v2，AFU86482.1；LsCYP6AX2，AFU86463.1；LsCYP6BD10v2，AFU86445.1；LsCYP6FJ1v2，AFU86439.1；LsCYP6CS2v1，AFU86422.1）、冈比亚按蚊（AgCYP6Z2，ABV80276.1；AgCYP6Z1，ABV80275.1；AgCYP6Z3，AAO24698.1）、家蝇（MdCYP6C1，AAA69818.1；MdCYP6A4，AAA69817.1；MdCYP6A5，AAA82161.1；MdCYP6A3，AAA69816.1）、西花蓟马（FcCYP6EB1，AED99066.1；FcCYP6EC1，AED99065.1）、白纹伊蚊（AaCYP6Y7，AEF79985.1；AaCYP6P15，AEF79987.1；AaCYP6N29，AEF79989.1；AaCYP6M17，AEF79984.1；AaCYP6Z18，AEF79986.1；AaCYP6N28，AEF79988.1）。

图 3-3　细胞色素 P450 CYP4 系统进化树

细胞色素 P450 CYP4 蛋白序列：斜纹夜蛾（SlCYP4M14V1，ABC72321.2；SlCYP4S9V1，ABC84370.2）、天蚕（AyCYP4G25，BAD81026.1）、棉铃虫（HaCYP4S1，ABU88427.1）、野桑蚕（*Bombyx mandarina*，BmmCYP4M9，ABK27872.1；BmmCYP4M5，ABX64439.1）、家蚕（BmCYP4G24，BAM73879.1；BmCYP4L6，ABZ81071.1；BmCYP4G22，BAM73799.1；BmCYP4S5，BAM73902.1；BmCYP4AX2，BAM73880.1；BmCYP4G23，BAM73905.1；BmCYP4G25，ABF51415.1；BmCYP4M5，BAI45222.1；BmCYP4M9，NP_001073134.1）、美洲棉铃虫（*Helicoverpa zea*，HzCYP4M7，AAM54723.1；HzCYP4M6，AAM54722.1）、烟草天蛾（MsCYP4M2，ADE05576.1；MsCYP4G49，ADE05583.1；MsCYP4CG1，ADE05577.1；MsCYP4M1，ADE05575.1；MsCYP4G4，ADE05582.1）、甘蓝夜蛾（MbCYP4G20，AAR26517.1；MbCYP4L4，AAL48300.1；MbCYP4S4，AAL48299.1）、舞毒蛾（LdCYP4G81，Unigene18096；LdCYP4G82，Unigene19092；LdCYP4L23，CL5525.Contig1；LdCYP4S19，Unigene45254）。

通过 BLASTX 程序从舞毒蛾转录组文库中比对筛选出 26 个 *P450* 基因，分析结果表明，26 个 *P450* 基因分属 *CYP4*、*CYP6*、*CYP9*、*CYP321*、*CYP332*、*CYP333*、*CYP337* 和 *CYP341* 家族。美国田纳西州立大学 Nelson 博士将这 26 个 *P450* 基因命名为 *CYP4G81*、*CYP4G82*、*CYP4L23*、*CYP4S19*、*CYP4L24*、*CYP6AB37*、*CYP6AE51*、*CYP6AB35*、*CYP6AE52*、*CYP6B53*、*CYP6AB34*、*CYP6AB32*、

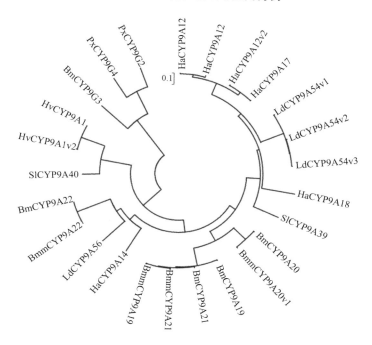

图 3-4   细胞色素 P450 CYP9 进化树

细胞色素 P450 CYP9 蛋白序列：家蚕（BmCYP9A21，NP_001103394.1；BmCYP9A22，ABQ08706.1、ABQ08708.2；
BmCYP9A19，ABQ18318.1；BmCYP9A20，ABO07439.1；BmCYP9G3，BAM73895.1）、小菜蛾（PxCYP9G4，
ACH88357.1；PxCYP9G2，BAG71413.1）、野桑蚕（BmmCYP9A20v1，ACJ05915.1；BmmCYP9A22，ABQ08708.2；
BmmCYP9A19，ABQ08710.1；BmmCYP9A21，ACJ04711.1）、烟芽夜蛾（HvCYP9A1v2，AAD25104.1；HvCYP9A1，
    AAC25787.1）、斜纹夜蛾（SlCYP9A40，AEL87781.1；SlCYP9A39，ACV88722.1）、棉铃虫（HaCYP9A12，
AAQ73544.1；HaCYP9A12，ACB30273.2；HaCYP9A14，AAR37015.1；HaCYP9A18，ABB69055.1；HaCYP9A12v2，
ACJ37388.1；HaCYP9A17，AAV28704.1）、舞毒蛾（LdCYP9A54v3，CL3503.Contig1；LdCYP9A56，Unigene44758；
    LdCYP9A54v2，contig19879-19881；LdCYP9A54v1，Unigene19877）。

CYP6AB33、*CYP6AB36*、*CYP6AN15v1*、*CYP6AN16*、*CYP6CT4*、*CYP9A54v1*、
CYP9A55、*CYP9A56*、*CYP9AJ4v1*、*CYP321A13*、*CYP332A6*、*CYP333B17*、*CYP337B4*、
CYP341B4；其中 *CYP6B53*、*CYP6AB37*、*CYP6AN15v1*、*CYP9A54v1*、*CYP4L23*、
CYP4L24 和 *CYP332A6* 为全长基因。*CYP* 全长基因 cDNA 长 1486～2224bp，编码
的氨基酸为 447～531 个，ProtParam 在线程序预测的蛋白质分子量为 51.57～
61.23kDa，理论等电点为 8.36～9.03（表 3-3）。

13 种昆虫 P450 蛋白序列系统进化树如图 3-5 所示。13 种昆虫的 P450 蛋白序
列聚为 3 类，CYP4、CYP6 与 CYP9 家族分别聚为一类。舞毒蛾的 CYP6AB37、
CYP6AB33、CYP6AN16、CYP6AB35、CYP6AB36、CYP6AB32、CYP6AN15v1、

表 3-3　舞毒蛾 CYP 家族基因特征性描述

基因	cDNA 长度/bp	氨基酸数量	理论等电点	蛋白质分子量/kDa
CYP6B53	1728	505	8.76	57.71
CYP6AB37	1736	510	8.84	59.30
CYP6AN15v1	2224	512	9.03	59.02
CYP9A54v1	1932	531	8.85	61.23
CYP4L23	1865	492	8.48	57.16
CYP4L24	1486	447	8.69	51.57
CYP332A6	1606	504	8.36	58.25

CYP6B53、CYP6AE51 和 CYP6AE52 包含在 CYP6 家族的分支簇中。同源性分析表明，舞毒蛾的 CYP6AN15v1 与 CYP6AN16 同源性最高，为 86.19%（表 3-4）。舞毒蛾的 CYP9AJ4v1、CYP9A56、CYP9A55 和 CYP9A54v1 聚类在 CYP9 家族蛋白序列中。舞毒蛾的 CYP9A56 与 CYP9A55 同源性高达 75.21%（表 3-5）。舞毒蛾的 CYP4S19、CYP4L24、CYP4L23、CYP4G82 和 CYP4G81 包含在 CYP4 家族的分支簇中，舞毒蛾的 CYP4L24 与 CYP4L23 的同源性最高，为 64.29%（表 3-6）。

　　P450 代谢解毒的能力取决于昆虫不同发育阶段和不同组织中 *P450* 的表达。舞毒蛾各发育阶段 *CYP* 家族基因相对表达量如图 3-6 所示。与胚胎发育期相比，CYP4 家族基因在胚后发育阶段主要表现为显著上调表达（$P<0.05$）；其中雄成虫 *CYP4L23*、*CYP4G81* 和 *CYP4G82* 基因的转录水平分别比雌成虫高 1.57 倍、1.19 倍和 8.94 倍，且均达差异显著水平（$P<0.05$）。与之相反，*CYP9AJ4v1* 和 *CYP9A54v1* 在胚后发育期主要为下调表达，分别在 3 龄和 4 龄幼虫期表现出最低的转录水平，分别比胚胎发育期降低了 83.10% 和 68.10%。*CYP9A55* 和 *CYP9A56* 基因的雌成虫表达水平显著高于雄成虫（$P<0.05$）。*CYP333B17*、*CYP337B4*、*CYP321A13* 和 *CYP332A6* 基因转录水平在胚后发育期主要表现为高于胚胎发育期，其中 *CYP332A6* 在胚后各发育阶段均显著高于胚胎发育期，2 龄幼虫转录水平最高，为胚胎发育期的 53.50 倍；*CYP337B4* 和 *CYP321A13* 基因在成虫期的不同性别中差异不显著。*CYP341B4* 基因在胚后发育中除蛹期外，其余各发育阶段均未表现出显著差异，蛹期的转录水平显著上调（$P<0.05$），是胚胎发育期的 1.62 倍。

　　在昆虫发育过程中，不论是作为内源信号反应，还是参与外源有毒化合物的代谢，昆虫解毒酶基因均参与复杂的调控作用，在昆虫不同发育阶段也表现出明显差异。昆虫同一发育阶段的不同基因呈现出表达的差异性，昆虫同一 *CYP* 基因在不同的发育阶段表达水平也表现出较大变化。舞毒蛾体内的 *CYP* 基因在不同发

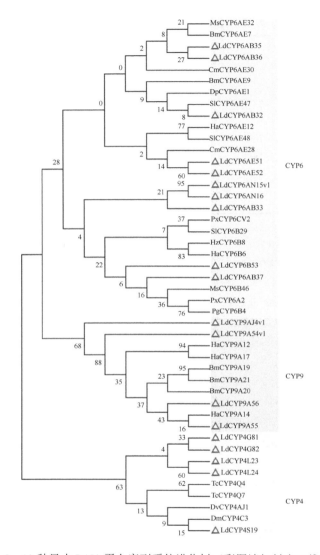

图 3-5　13 种昆虫 P450 蛋白序列系统进化树（彩图请扫封底二维码）

13 种昆虫 P450 蛋白：小菜蛾（PxCYP6CV2，ADW27429.1；PxCYP6A2，BAM18141.1）、烟草天蛾（MsCYP6B46，ADE05579.1）、斜纹夜蛾（SlCYP6B29，ACY41036.1）、美洲棉铃虫（HzCYP6B8，AAM90316.1）、美洲虎纹凤蝶（*Papilio glaucus*，PgCYP6B4，AAB05892.1）、稻纵卷叶螟（*Cnaphalocrocis medinalis*，CmCYP6AE28，CAX94849.1；CmCYP6AE30，CBB07053.1）、烟草天蛾（MsCYP6AE32，ADE05581.1）、防风草织蛾（*Depressaria pastinacella*，DpCYP6AE1，AAP83689.1）、海灰翅夜蛾（*Spodoptera littoralis*，SlCYP6AE48，AFP20589.1；SlCYP6AE47，AFP20588.1）、家蚕（BmCYP6AE7，NP_001104006.1；BmCYP6AE9，NP_001104004.1；BmCYP9A20，NP_001077079.1；BmCYP9A19，ABQ18318.1；BmCYP9A21，NP_001103394.1）、棉铃虫（HaCYP6B6，AAY21920.1；HaCYP6AE12，ABB69054.1；HaCYP9A12，ACB30273.2；HaCYP9A17，AAY21809.1；HaCYP9A14，ABY47596.1）、赤拟谷盗（*Tribolium castaneum*，TcCYP4Q4，AAF70178.1；TcCYP4Q7，AAF70496.1）、黑腹果蝇（DmCYP4C3，NP_524598.1）、玉米根萤叶甲（*Diabrotica virgifera virgifera*，DvCYP4AJ1，AAF67724.2）。△代表舞毒蛾，相应基因的序列号参见图 3-1～图 3-4 图注。

表 3-4　舞毒蛾 CYP6 蛋白序列的同源性　　（%）

蛋白	CYP6AB32	CYP6AB33	CYP6AB35	CYP6AB36	CYP6AB37	CYP6AE51	CYP6AE52	CYP6AN15v1	CYP6AN16
CYP6B53	28.37	30.15	29.65	32.19	29.84	25.94	21.45	32.02	33.81
CYP6AB32		48.53	54.18	49.41	39.48	25.30	23.97	47.52	42.38
CYP6AB33			50.74	50.00	47.79	34.56	10.67	51.10	50.95
CYP6AB35				54.45	41.51	29.38	27.13	46.91	26.67
CYP6AB36					39.27	27.63	27.44	46.58	47.62
CYP6AB37						27.92	23.65	38.94	46.19
CYP6AE51							57.41	28.32	33.33
CYP6AE52								25.55	10.48
CYP6AN15v1									86.19

表 3-5　舞毒蛾 CYP9 蛋白序列的同源性　　（%）

蛋白	CYP9A55	CYP9A56	CYP9AJ4v1
CYP9A54v1	58.88	55.56	30.88
CYP9A55		75.21	32.44
CYP9A56			33.54

表 3-6　舞毒蛾 CYP4 蛋白序列的同源性　　（%）

蛋白	CYP4G82	CYP4L23	CYP4L24	CYP4S19
CYP4G81	54.87	29.01	29.02	30.75
CYP4G82		31.24	31.47	30.96
CYP4L23			64.29	30.35
CYP4L24				28.57

育阶段的表达存在显著差异，这可能与舞毒蛾生命活动的状态有关。与卵期相比，舞毒蛾幼虫和成虫阶段取食期的 *CYP* 基因表达量升高。

综上所述，前人首先证明了细胞色素 P450 参与杀虫剂和植物次生物质等异源物质的解毒与代谢，随后在舞毒蛾转录本中鉴定了多个 *CYP* 基因，明确了其蛋白质结构，分析了舞毒蛾 CYP 蛋白与其余昆虫体内 CYP 蛋白的亲缘关系，根据 *CYP* 基因在舞毒蛾各个发育阶段的表达量对舞毒蛾 *CYP* 基因发挥的生理功能进行了推测，这些均为探讨舞毒蛾适应并抵抗植物防御或杀虫剂胁迫的响应机理奠定了基础。

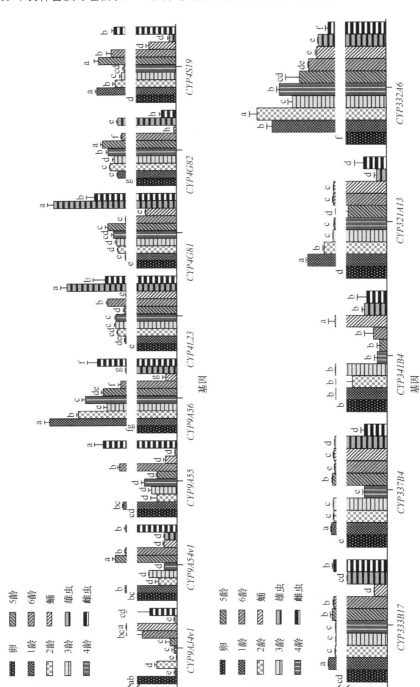

图 3-6 舞毒蛾各发育阶段 CYP 家族基因相对表达量

A. CYP9 和 CYP4 家族基因不同发育阶段的表达模式；B. CYP333B17、CYP337B4、CYP341B4、CYP321A13 和 CYP33A6 基因不同发育阶段的表达模式。用邓肯多重范围检验（Duncan multiple-range test）分析差异显著性。不含相同小写字母表示同一基因不同发育阶段间显著差异（P<0.05）。

3.2　杨树次生物质对 P450 活性和基因表达的影响

对于探究杨树次生物质对舞毒蛾幼虫生长发育和解毒功能的影响，综合评价杨树次生物质对舞毒蛾幼虫的营养利用的影响，测定舞毒蛾体内细胞色素 P450 活性的变化与相关基因表达显得尤为重要。

根据杨树叶片内次生物质含量变化，选取 6 种主要次生物质和 3 组含有特征性次生物质的联合处理，分别为咖啡酸、水杨苷、芦丁、槲皮素、邻苯二酚、黄酮、联合处理 1（水杨苷和黄酮）、联合处理 2（水杨苷、咖啡酸和邻苯二酚）和联合处理 3（黄酮、咖啡酸和邻苯二酚）。分别将上述 9 种处理添加至人工饲料中饲喂舞毒蛾 2 龄幼虫，观察并测定连续 15d 幼虫体重和存活率的变化、2 龄幼虫发育历期、取食量和拒食效果与营养利用指标情况，测定舞毒蛾体内细胞色素 P450 活性的变化。除咖啡酸处理组外，在 24～72h 各次生物质处理组的细胞色素 P450 活性均高于对照组（图 3-7）。然而，这些次生物质的诱导程度不同，饲喂 24h，水杨苷处理组和联合处理 3 处理组表现出较大的诱导活性，分别为对照组的 6.41 倍和 6.83 倍。水杨苷处理组、黄酮处理组和联合处理 2 处理组的细胞色素 P450 活性在 12～72h 的变化趋势相似，均在 24h 有最高的活性，分别为 1.41nmol/（min·mg）、1.17nmol/（min·mg）和 1.22nmol/（min·mg），随着时间的延长活性又逐渐下降。

细胞色素 P450 作为 I 期解毒系统（初级代谢）参与外源化合物的生物转化。植物次生物质可增强昆虫细胞色素 P450 的活性。分别在人工饲料中添加单宁和没食子酸饲喂玉米蚜（*Rhopalosiphum maidis*），可显著诱导细胞色素 P450 活性增加（王怡，2016）。我们的试验表明，水杨苷、芦丁、槲皮素、邻苯二酚和黄酮可显著诱导舞毒蛾 2 龄幼虫 P450 活性。在自然界中，舞毒蛾取食寄主植物时通常同时面临多种次生物质胁迫，因此舞毒蛾可能受到不同次生物质的共同影响。舞毒蛾 2 龄幼虫 P450 活性测定结果显示，联合处理 3 处理组在 24h、联合处理 1 处理组在 72h 对细胞色素 P450 表现出最大的诱导效果，分别为对照的 6.49 倍和 4.04 倍，这说明多种次生物质可能通过相互协同来影响舞毒蛾对次生物质胁迫的响应。

Feyereisen（2005）研究发现，细胞色素 P450 等解毒酶是植食性昆虫对寄主植物产生适应性的重要原因之一，能够参与对昆虫的生存和繁殖有害的植物次生物质的代谢过程。面对有毒植物的次生物质，昆虫通过上调 *P450* 基因表达来增加解毒酶活性，从而提高自身的防御能力。作者基于课题组前期研究的舞毒蛾转录组文库筛选出 25 个 *CYP* 基因，用于探讨不同杨树次生物质（咖啡酸、水杨苷、芦丁、槲皮素、黄酮、邻苯二酚、联合处理 1、联合处理 2 和联合处理 3）对舞毒蛾 2 龄幼虫 *P450* 基因表达的影响，明确参与次生物质代谢的关键基因，为进一步解析昆虫与寄主植物互作分子机制提供理论基础。研究结果显示，9 种次生物

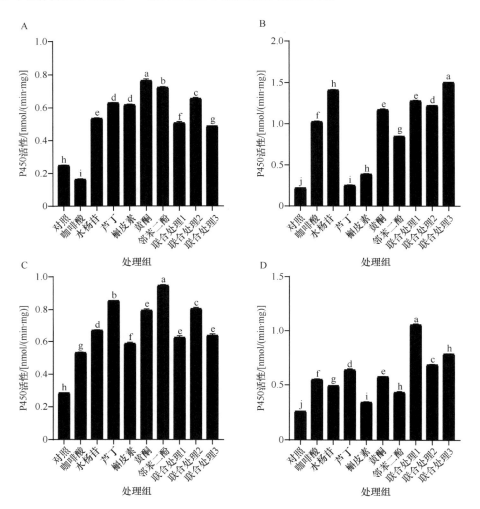

图 3-7　杨树次生物质对舞毒蛾 2 龄幼虫体内细胞色素 P450 活性的影响

A、B、C 和 D 分别表示 12h、24h、48h 和 72h 次生物质处理。用邓肯多重范围检验分析差异显著性，各图不同小写字母表示不同处理间差异显著（P＜0.05）。

质处理显著影响舞毒蛾 2 龄幼虫 CYP 家族基因的表达（P＜0.05）。经水杨苷处理后，舞毒蛾 CYP4、CYP6 和 CYP9 家族基因主要表现为诱导表达，其中 CYP6B53、CYP6AB37 和 CYP9A54v1 被水杨苷显著诱导，分别为对照组的 17.60 倍、8.79 倍和 13.41 倍。芦丁处理后，舞毒蛾 CYP6 家族基因表达量降低，但 CYP341B4 基因被显著诱导，为对照组的 9.30 倍。咖啡酸处理组与芦丁处理组有类似的响应，舞毒蛾 CYP6 家族基因主要呈抑制状态，同时，CYP4 家族基因也表现为显著下调（P＜0.05）。经不同次生物质处理后，舞毒蛾 CYP6AB37 基因对咖啡酸、水杨苷、芦丁、槲皮素和黄酮均表现出显著诱导表达（P＜0.05）。舞毒蛾 CYP9A54v1 和

CYP9AJ4v1 基因在各处理组中均有不同程度的上调，但诱导模式存在差异，*CYP9A54v1* 在水杨苷处理组表达量最大，为对照组的 46.12 倍（图 3-8）。

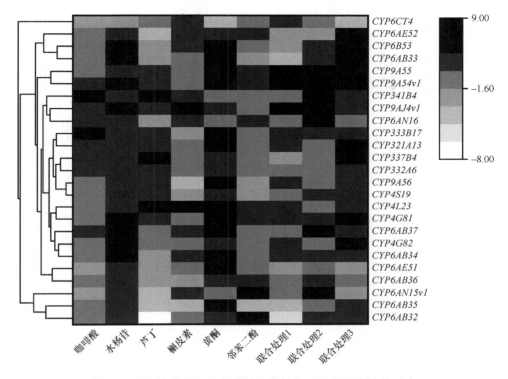

图 3-8　杨树次生物质对舞毒蛾 2 龄幼虫 *CYP* 基因表达的影响

　　选取具有代表性的杨树次生物质黄酮、槲皮素和芦丁，依据杨树叶片内的含量添加到人工饲料中，选择 2 个舞毒蛾 *CYP* 基因（*CYP6B53* 和 *CYP6AN15v1*），利用 RNAi 技术探讨这些基因对杨树次生物质黄酮和槲皮素解毒功能的影响；并在含有溴氰虫酰胺的饲料中添加杨树次生物质黄酮、槲皮素和芦丁，通过测定不同联合处理下舞毒蛾细胞色素 P450 活性，利用实时荧光定量反转录聚合酶链反应（qRT-PCR）检测 *CYP* 家族基因在不同处理组下的表达量，综合评价舞毒蛾 2 龄幼虫在 3 种次生物质胁迫下对溴氰虫酰胺敏感性的影响。舞毒蛾细胞色素 P450 活性结果显示，不同胁迫处理对 P450 均有诱导作用，且联合处理组的诱导效果总体上高于溴氰虫酰胺处理组（图 3-9）。进一步检测舞毒蛾 *CYP6B53*、*CYP6AN15v1* 基因的表达量，两个基因对不同胁迫主要表现为诱导效果，表明次生物质的添加可诱导舞毒蛾细胞色素 P450 活性以及 *CYP* 基因表达量的上调（图 3-9，图 3-10）。次生物质与杀虫剂竞争解毒酶的结合位点，导致杀虫剂降解效率降低、毒性增强，形成毒性协同的联合作用效果。

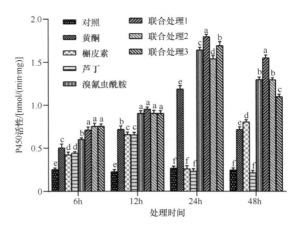

图 3-9 杨树次生物质和溴氰虫酰胺对舞毒蛾 2 龄幼虫 P450 活性的影响

用邓肯多重范围检验分析差异显著性，不同小写字母表示同一处理时间不同处理间差异显著（$P<0.05$）。

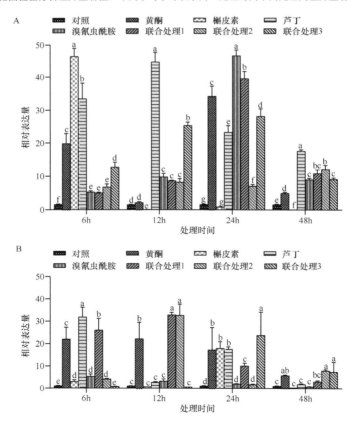

图 3-10 杨树次生物质和溴氰虫酰胺对舞毒蛾 2 龄幼虫 *CYP* 基因表达的影响

A、B 分别为不同处理下舞毒蛾 *CYP6B53*、*CYP6AN15v1* 基因的表达量。用邓肯多重范围检验分析差异显著性，
各图不含相同小写字母表示同一处理时间不同处理间差异显著（$P<0.05$）。

通过沉默舞毒蛾 3 龄幼虫 *CYP6B53*、*CYP6AN15v1* 基因证实这 2 个基因参与取食、食物利用和次生物质的解毒代谢过程。溴氰虫酰胺和杨树次生物质（黄酮、槲皮素和芦丁）联合处理比溴氰虫酰胺单一处理的舞毒蛾存活率低，同时溴氰虫酰胺、次生物质单一和联合作用均能诱导舞毒蛾细胞色素 P450 活性，并能诱导 *CYP* 基因表达量升高，表明次生物质的参与可与化学杀虫剂竞争舞毒蛾解毒酶结合位点，进而增强杀虫剂毒性。

3.3　杀虫剂对 P450 活性和基因表达的影响

党英侨等（2017）通过转基因技术获得表达舞毒蛾 *CYP6AN15v1* 果蝇品系（命名为 *attP40> CYP6AN15v1*）后，分析了低剂量氯虫苯甲酰胺（7.17mg/L）处理对转基因和非转基因果蝇品系细胞色素 P450 活性的影响，并采用 qRT-PCR 测定低剂量氯虫苯甲酰胺对 *CYP6AN15v1* 基因表达的影响。氯虫苯甲酰胺对转舞毒蛾 *CYP6AN15v1* 果蝇 P450 活性影响的结果表明，除处理 12h 外，其余各处理时间转基因果蝇品系 P450 活性均高于对照组果蝇品系。处理 6h 和 12h，*attP40>CYP6AN15v1* 转基因果蝇的总酶活性与对照组 *attP40* 非转基因果蝇的总酶活性相比，均无显著性差异（图 3-11），随着胁迫时间的延长（24～72h），*attP40>CYP6AN15v1* 转基因果蝇的 P450 活性显著高于对照组 *attP40* 非转基因果蝇（*P*<0.05）；胁迫 72h，转基因果蝇品系的 P450 活性显著高于对照组，活性增加了 93.08%，为未处理转基因果蝇品系的 2.55 倍。如图 3-12 所示，氯虫苯甲酰胺显著诱导了 *attP40>CYP6AN15v1* 转基因果蝇体内 *CYP6AN15v1* 的表达（*P*<0.05），相对表达量为对照组的 44.54～137.80 倍；其中，胁迫 12h *CYP6AN15v1* 的诱导表达水平最低，为对照组的 44.54 倍。

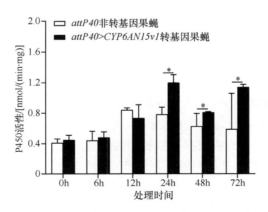

图 3-11　氯虫苯甲酰胺对果蝇品系 P450 活性的影响（党英侨等，2017）

*表示同一处理时间转基因果蝇和非转基因果蝇 P450 活性差异显著（*P*<0.05）。

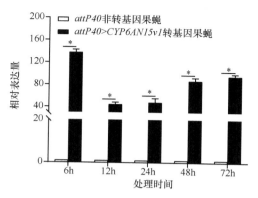

图 3-12　氯虫苯甲酰胺对果蝇品系 *CYP6AN15v1* 表达的影响（党英侨等，2017）

*表示同一处理时间转基因果蝇和非转基因果蝇 *CYP6AN15v1* 相对表达量差异显著（$P<0.05$）。

　　昆虫产生抗药性的主要机制是 P450 介导的杀虫剂代谢解毒作用，P450 增强杀虫剂代谢解毒作用一是与酶量增加相关；二是酶结构变化可导致解毒活性增强。细胞色素 P450 表达量的增加主要有两种机制：一是基因组层面上的基因拷贝数增加；二是基因转录水平的基因上调表达，其中，第二种机制更为普遍（邱星辉，2014）。Guengerich（2003）研究证实 P450 参与了对有机磷类、拟除虫菊酯类、新烟碱类、氨基甲酸酯类等化学合成杀虫剂以及天然的植物防御化合物的代谢解毒。党英侨等（2017）利用模式动物果蝇转基因技术对舞毒蛾 *CYP6AN15v1* 基因对氯虫苯甲酰胺的诱导解毒功能进行了研究。结果表明，氯虫苯甲酰胺胁迫下转基因果蝇品系 *CYP6AN15v1* 基因表达和 P450 活性均显著高于非转基因果蝇品系，且转 *CYP6AN15v1* 基因果蝇品系对氯虫苯甲酰胺的敏感性降低，这可能是 *CYP6AN15v1* 基因诱导表达增加解毒能力导致的。

　　以药膜法低剂量（0.77mg/L）溴氰菊酯和百树菊酯胁迫转 *CYP6B53* 基因果蝇及非转基因果蝇，分别测定了细胞色素 P450 活性和 *CYP6B53* 基因表达量对 2 种杀虫剂的胁迫响应（图 3-13，图 3-14）。低剂量溴氰菊酯和百树菊酯胁迫下，转 *CYP6B53* 基因果蝇体内细胞色素 P450 活性表现出不同的时间效应，以处理 24h 为例，溴氰菊酯胁迫 24h 显著抑制了 P450 活性，而百树菊酯胁迫 24h 则显著诱导了 P450 活性；转基因果蝇体内 *CYP6B53* mRNA 表达水平对两种杀虫剂 24h 胁迫响应呈现出相似的结果。综上，*CYP6B53* 基因调控 P450 活性参与溴氰菊酯和百树菊酯胁迫响应，但胁迫响应存在显著的时间效应。研究发现，在溴氰菊酯杀虫剂胁迫下，转 *CYP6B53* 基因果蝇品系 P450 活性在胁迫 6h、12h 和 48h 均表现为高于非转基因果蝇品系，在百树菊酯杀虫剂胁迫下，转 *CYP6B53* 基因果蝇品系 P450 活性仅在胁迫 6h 和 24h 表现为高于非转基因果蝇品系，在 12h、24h 和 48h，

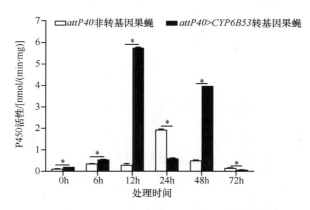

图 3-13　溴氰菊酯对果蝇品系 P450 活性的影响（张琪慧等，2018）

*表示同一处理时间转基因果蝇和非转基因果蝇 P450 活性差异显著（$P<0.05$）。

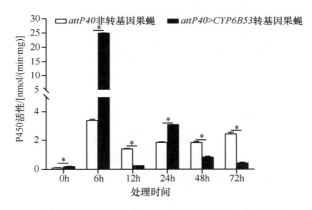

图 3-14　百树菊酯对果蝇品系 P450 活性的影响（张琪慧等，2018）

*表示同一处理时间转基因果蝇和非转基因果蝇 P450 活性差异显著（$P<0.05$）。

两种菊酯类杀虫剂对果蝇 P450 活性的影响存在差异。其中，两种杀虫剂胁迫 24h，溴氰菊酯处理转 *CYP6B53* 基因果蝇品系体内 P450 活性显著低于非转基因果蝇品系，百树菊酯处理转 *CYP6B53* 基因果蝇品系 P450 活性则显著高于非转基因果蝇品系。同时，研究百树菊酯对转基因果蝇品系胁迫 24h 的 *CYP6B53* 相对表达量与对转 *CYP6B53* 基因果蝇品系 P450 活性作用一致（图 3-15），这表明转基因果蝇可能通过提高 *CYP6B53* 基因 mRNA 的表达进而调控 P450 活性应答百树菊酯杀虫剂的胁迫。

CYP6 亚家族的 12 个被认为参与杀虫剂代谢的舞毒蛾 *P450* 基因的转录谱结果显示，舞毒蛾幼虫暴露于亚致死剂量的溴氰菊酯、氧化乐果和甲萘威可增强大部分 *CYP6* 基因的转录，在暴露后 24～72h 诱导达到峰值。转录谱与杀虫剂暴露水平和不同发育阶段有关。*CYP6* 基因响应杀虫剂的表达谱表明，在用杀虫剂处理后 72h 检测每个基因于幼虫体内的转录水平并以未处理的幼虫为标准，12 个基因中，

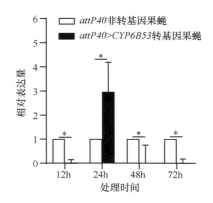

图 3-15　百树菊酯对果蝇品系 *CYP6B53* 表达的影响（张琪慧等，2018）

*表示同一处理时间转基因果蝇和非转基因果蝇 *CYP6B53* 相对表达量差异显著（$P<0.05$）。

溴氰菊酯优先诱导了 6 个，甲萘威优先诱导了 5 个，氧化乐果优先诱导了 7 个。
包括 *CYP6AB37*、*CYP6AB35* 和 *CYP6AB33* 在内的几种基因在溴氰菊酯处理下的
舞毒蛾幼虫显示出特定的转录谱，初始处理后数小时下调，随后上调（图 3-16～
图 3-18）。相反，在用溴氰菊酯处理 48h 后，*CYP6AE52*、*CYP6AB34*、*CYP6AB32*
和 *CYP6AN15v1* 下调。相比较而言，*CYP6B53*、*CYP6AB36* 和 *CYP6CT4* 均明显上
调，*CYP6AE51* 在溴氰菊酯胁迫 6～72h 内表达量下调（图 3-16）。氨基甲酸酯类
杀虫剂甲萘威胁迫处理下大多数 *CYP6* 基因（包括 *CYP6AB37*、*CYP6B53*、
CYP6AB34、*CYP6AB32*、*CYP6AB33*、*CYP6AB36* 和 *CYP6CT4*）表达量除一两个
时间点外均上调（图 3-17）。相比之下，用甲萘威处理 72h 会降低 *CYP6AE51*、
CYP6AE52、*CYP6AN16*、*CYP6AB35* 和 *CYP6AN15v1* 表达水平。氧化乐果胁迫下
CYP6AB37 和 *CYP6AE52* 的转录水平上调，*CYP6AE51* 在 72h 处理期间转录水平
上调。

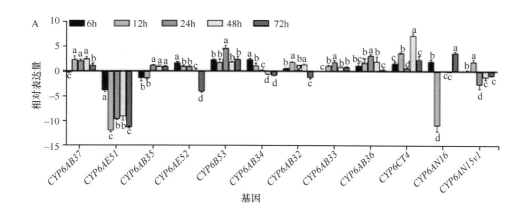

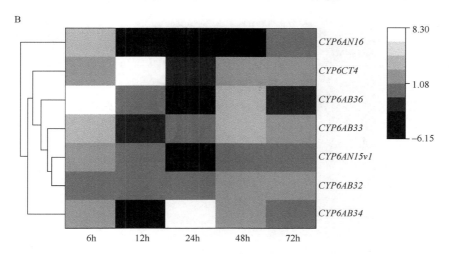

图 3-16　亚致死浓度下的拟除虫菊酯杀虫剂溴氰菊酯处理 72h 后舞毒蛾幼虫 *CYP6* 基因的转录谱
A. 未暴露于拟除虫菊酯杀虫剂溴氰菊酯的舞毒蛾幼虫 72h 内 *CYP6* 基因的转录谱；B. 亚致死浓度下的拟除虫菊酯杀虫剂溴氰菊酯处理 72h 后舞毒蛾幼虫 *CYP6* 基因的转录谱。相对表达水平均经过 $\log_2$ 转换。通过 Tukey 多重比较检验，不含相同小写字母表示同一基因不同处理时间之间差异显著（$P<0.05$）。

除 12h 时间点外，*CYP6AB34* 和 *CYP6AB33* 在整个 72h 内上调。相比之下，*CYP6AB35* 和 *CYP6CT4* 开始处理时表达量下调，12h 后上调。*CYP6B53*、*CYP6AB32* 和 *CYP6AB36* 的表达量在 48h 明显上调，但在 72h 下调。有趣的是，*CYP6AN16* 在 24～72h 呈现显著下调，并且 *CYP6AN15v1* 对氧化乐果的反应最小，表达峰值仅为未处理对照组幼虫的 2.63 倍（图 3-18）。

P450 酶对不同食物和外来化合物的诱导作用具有适应可塑性，这对昆虫防控和害虫生物学研究具有重要意义（Zumwalt and Neal，1993）。P450 酶的多样性可以决定杀虫剂处理的结果，除草剂和杀虫剂均被证明可以作为表达诱导因子

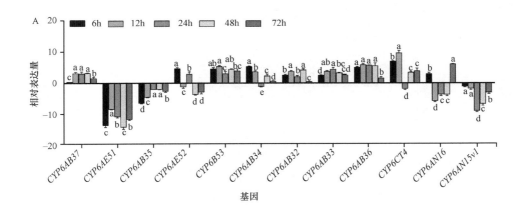

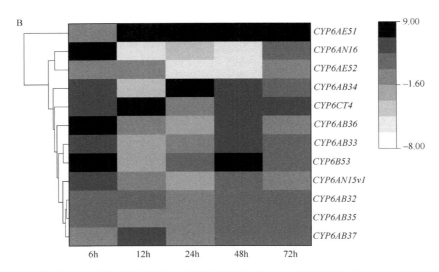

图 3-17 亚致死浓度下的氨基甲酸酯杀虫剂甲萘威处理 72h 后舞毒蛾幼虫 *CYP6* 基因的转录谱

A. 未暴露于氨基甲酸酯杀虫剂甲萘威的舞毒蛾幼虫 72h 内 *CYP6* 基因的转录谱；B. 亚致死浓度下的氨基甲酸酯
杀虫剂甲萘威处理 72h 后舞毒蛾幼虫 *CYP6* 基因的转录谱。相对表达水平均经过 $\log_2$ 转换。通过 Tukey 多重比较
检验，不含相同小写字母表示同一基因不同处理时间之间差异显著（$P<0.05$）。

（Miota et al.，2000）。杀虫剂对昆虫 P450 酶的上调或下调的毒理学效应也影响杀
虫剂抗性机制。本研究测试了 3 种常见杀虫剂对舞毒蛾 P450 酶基因转录表达的影
响能力，发现除 *CYP6AE51* 和 *CYP6AN15v1* 外，其余 *CYP6* 家族基因均被溴氰菊
酯诱导转录表达；除 *CYP6AE51*、*CYP6AE52* 和 *CYP6AN16* 外，大多数 *CYP6* 基因
均显著上调；除 *CYP6AE51* 和 *CYP6AN16* 外，其余 *CYP6* 基因对氧化乐果均有类
似的反应。在鉴定的 12 个舞毒蛾 *CYP6* 基因中，*CYP6AE51* 的转录被 3 种杀虫剂
完全抑制。因此，大多数 *CYP6* 基因，包括 *CYP6AB37*、*CYP6AB33*、*CYP6AB35*、
CYP6B53、*CYP6AB34*、*CYP6AB32*、*CYP6AB36* 和 *CYP6CT4*，都可能有助于虫体
对这些杀虫剂的解毒过程（Sun et al.，2014）。

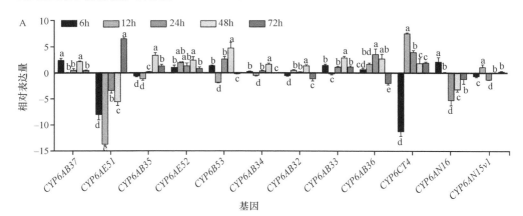

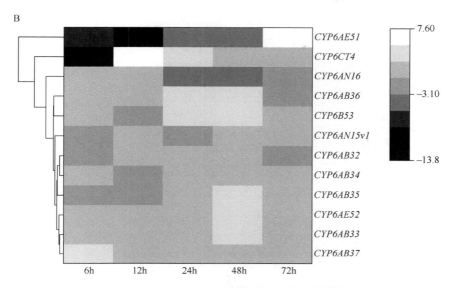

图 3-18　亚致死浓度下的有机磷杀虫剂氧化乐果处理 72h 后舞毒蛾幼虫 *CYP6* 基因的转录谱

A. 未暴露于有机磷杀虫剂氧化乐果的舞毒蛾幼虫 72h 内 *CYP6* 基因的转录谱；B. 亚致死浓度下的有机磷杀虫剂氧化乐果处理 72h 后舞毒蛾幼虫 *CYP6* 基因的转录谱。相对表达水平均经过 $\log_2$ 转换。通过 Tukey 多重比较检验，不含相同小写字母表示同一基因不同处理时间之间差异显著（$P<0.05$）。

3.4　*P450* 家族基因对次生物质和杀虫剂响应功能分析

昆虫细胞色素 P450 的转录调控机制是解毒植物次生物质和杀虫剂的重要基础。对舞毒蛾分子靶标 *P450* 基因进行鉴定与功能分析可为植物与昆虫相互作用机制的进一步研究提供理论基础，并对合理使用杀虫剂具有重要指导意义。目前 *CYP* 家族基因对次生物质和杀虫剂响应功能鉴定的方法主要有两种：转基因果蝇技术鉴定和利用 RNAi 技术鉴定。

3.4.1　转基因技术鉴定舞毒蛾 *P450* 基因响应杀虫剂功能

转基因昆虫技术是在昆虫基因组中插入特定的基因，进而分析这些基因的功能。果蝇作为重要的模式生物，它所具有的转基因技术优势促进了生物学诸多领域的研究进展。目前，已有昆虫学者将与杀虫剂作用相关的基因转入果蝇中，以验证这些基因是否参与杀虫剂代谢。借助 GAL4/UAS 系统将不吉按蚊（*Anopheles funestus*）*CYP6P9a*、*CYP6P9b* 和 *CYP6M7* 基因分别在果蝇中过表达，观察转基因果蝇对农药的敏感性，试验结果证实，*CYP6P9a*、*CYP6P9b* 和 *CYP6M7* 基因参与氯菊酯和溴氰菊酯的抗性形成过程（Riveron et al.，2014）。构建转舞毒蛾 *CYP6B53*

基因的果蝇品系（图 3-19），并测定该品系对百树菊酯、溴氰菊酯、辛硫磷、氯虫苯甲酰胺 4 种杀虫剂的敏感性（表 3-7）。表达 *CYP6B53* 的 *attP40>CYP6B53* 转基

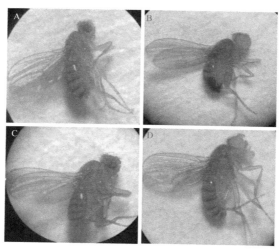

图 3-19　转基因和对照果蝇品系表现型（彩图请扫封底二维码）

A 和 C 分别为 *attP40>CYP6B53* 转基因果蝇和 *VK5>CYP6B53* 转基因果蝇；B 和 D 分别为 *attP40* 非转基因果蝇和 *VK5* 非转基因果蝇。

表 3-7　不同果蝇品系对杀虫剂的敏感性

杀虫剂	品系	24h LC$_{50}$（95%置信区间）/（mg/L）	斜率±标准误	χ^2	df	抗性比率
百树菊酯	*attP40>CYP6B53* 转基因果蝇	0.42（0.33～0.54）*	2.22±0.28	7.68	16	1.83
	attP40 非转基因果蝇	0.23（0.15～0.33）	1.78±0.25	23.05	16	1.00
	VK5>CYP6B53 转基因果蝇	0.53（0.38～0.67）	3.27±0.62	13.94	12	1.61
	VK5 非转基因果蝇	0.33（0.18～0.48）	1.60±0.26	23.67	19	1.00
溴氰菊酯	*attP40>CYP6B53* 转基因果蝇	2.79（2.29～3.47）	4.20±0.63	12.28	12	0.52
	attP40 非转基因果蝇	5.34（4.10～6.86）*	1.83±0.20	14.91	16	1.00
	VK5>CYP6B53 转基因果蝇	1.06（0.81～1.40）	2.36±0.29	20.13	17	0.21
	VK5 非转基因果蝇	5.02（3.95～6.26）*	1.86±0.19	9.23	19	1.00
辛硫磷	*attP40>CYP6B53* 转基因果蝇	0.42（0.33～0.51）	2.55±0.35	17.63	17	0.82
	attP40 非转基因果蝇	0.51（0.45～0.57）	5.40±0.73	13.99	16	1.00
	VK5>CYP6B53 转基因果蝇	0.31（0.26～0.35）	6.34±1.14	23.79	20	0.78
	VK5 非转基因果蝇	0.40（0.27～0.49）	4.02±0.69	22.04	16	1.00
氯虫苯甲酰胺	*attP40>CYP6B53* 转基因果蝇	14.07（9.32～22.12）	1.28±0.26	9.69	15	1.03
	attP40 非转基因果蝇	13.64（9.96～16.74）	3.01±0.50	26.25	19	1.00
	VK5>CYP6B53 转基因果蝇	16.38（10.72～21.44）	2.09±0.50	16.43	16	0.81
	VK5 非转基因果蝇	20.14（16.43～24.49）	2.73±0.49	15.19	19	1.00

*表示同一果蝇品系转基因果蝇与非转基因果蝇（亲本）对同一杀虫剂的敏感性差异显著（$P<0.05$）。

因果蝇和 *VK5>CYP6B53* 转基因果蝇分别与对照 *attP40* 非转基因果蝇和 *VK5* 非转基因果蝇相比,对百树菊酯的敏感性均减小,LC$_{50}$ 值均高于亲本,分别为对照亲本的 1.83 倍和 1.61 倍;对溴氰菊酯和辛硫磷的敏感性结果表明:*attP40>CYP6B53* 转基因果蝇和 *VK5>CYP6B53* 转基因果蝇的敏感性分别高于亲本对照,其中,溴氰菊酯的 LC$_{50}$ 值显著低于对照,与对照相比,分别降低 48% 和 79%;*attP40>CYP6B53* 转基因果蝇对氯虫苯甲酰胺的敏感性低于亲本对照,而 *VK5> CYP6B53* 转基因果蝇对氯虫苯甲酰胺的敏感性高于亲本对照。

　　表达舞毒蛾 *CYP6B53* 的果蝇对百树菊酯的敏感性降低,其中 *attP40>CYP6B53* 转基因果蝇敏感性显著低于对照,这可能是由于舞毒蛾 *CYP6B53* 增加了细胞色素 P450 酶的代谢解毒功能。然而,有趣的是 *attP40>CYP6B53* 转基因果蝇和 *VK5>CYP6B53* 转基因果蝇对溴氰菊酯的敏感性显著提高,表达舞毒蛾 *CYP6B53* 的转基因果蝇对 2 种拟除虫菊酯类杀虫剂响应的差异性是否与杀虫剂不同化学基团有关?这种差异性是否与细胞色素 P450 蛋白活性一致?这些还有待于进一步研究。此外,与对照相比,表达舞毒蛾 *CYP6B53* 的转基因果蝇对辛硫磷敏感性增加,而 *attP40>CYP6B53* 转基因果蝇对氯虫苯甲酰胺的敏感性降低,*VK5>CYP6B53* 转基因果蝇对氯虫苯甲酰胺的敏感性增加,但差异均不显著。此外,与对照相比,表达舞毒蛾 *CYP6B53* 的转基因果蝇对辛硫磷的敏感性增加,而 *attP40>CYP6B53* 转基因果蝇对辛硫磷的敏感性降低,*VK5>CYP6B53* 转基因果蝇对辛硫磷的敏感性增加,但差异均不显著。本研究成功构建的表达舞毒蛾 *CYP6B53* 的转基因果蝇对 4 种杀虫剂表现出不同的敏感性,表明构建的果蝇品系可用于杀虫剂的筛选以及为进一步研究 *CYP6B53* 功能提供了技术平台(薛绪亭等,2016)。

　　构建转 *CYP6AN15v1* 基因果蝇载体,通过转基因技术获得表达舞毒蛾 *CYP6AN15v1* 果蝇品系(命名为 *attP40>CYP6AN15v1*)后(图 3-20,图 3-21),分别用氯虫苯甲酰胺对转基因 *attP40>CYP6AN15v1* 果蝇品系和非转基因果蝇品系进行胁迫,转基因 *attP40>CYP6AN15v1* 果蝇品系对氯虫苯甲酰胺的敏感性显著降低,抗性比率为非转基因果蝇的 2.92 倍(表 3-8)。

图 3-20　转舞毒蛾 *CYP6AN15v1* 基因果蝇品系和非转基因果蝇品系表现型
(彩图请扫封底二维码)

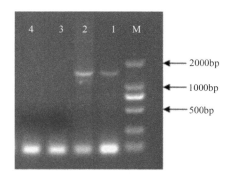

图 3-21 转基因和非转基因果蝇品系舞毒蛾 *CYP6AN15v1* 基因 PCR 检测

1：DNA 为模板 *attP40*>*CYP6AN15v1* 转基因果蝇；2：cDNA 为模板 *attP40*>*CYP6AN15v1* 转基因果蝇；3：DNA 为模板 *attP40* 非转基因果蝇；4：cDNA 为模板 *attP40* 非转基因果蝇；M：2000bp DNA 标记。

表 3-8   不同果蝇品系对氯虫苯甲酰胺的敏感性

品系	24h LC$_{50}$（95%置信区间）/（mg/L）	斜率±标准误	χ^2	df	抗性比率
attP40>*CYP6AN15v1* 转基因果蝇	39.84（34.08～44.67）	5.14±0.94	10.01	11	2.92
attP40 非转基因果蝇	13.64（9.96～16.74）	3.01±0.50	26.25	19	1.00

党英侨等（2017）利用转基因技术成功构建了转 *CYP6AN15v1* 的 *attP40*>*CYP6AN15v1* 转基因果蝇，结合之前氯虫苯甲酰胺可能通过诱导 *CYP6AN15v1* 基因 mRNA 的上调表达而增加了黑腹果蝇细胞色素 P450 活性的试验结果，明确了转舞毒蛾 *CYP6AN15v1* 果蝇对氯虫苯甲酰胺敏感性降低可能是由于细胞色素 P450 活性的增加使解毒能力增强。有关舞毒蛾 *CYP6AN15v1* 表达 P450 蛋白对氯虫苯甲酰胺的解毒机制还有待进一步研究（党英侨等，2017）。

3.4.2   RNAi 技术鉴定舞毒蛾 *P450* 基因响应杨树次生物质功能

采用 RNAi 技术，通过体外合成 *CYP6AN15v1* 的 dsRNA 显微注射至舞毒蛾 3 龄幼虫体内，发现 dsRNA 可以在特定时间内高效特异地沉默舞毒蛾体内 *CYP6AN15v1* 基因的 mRNA 表达，且舞毒蛾幼虫对有机磷类杀虫剂的敏感性显著提高，可应用于舞毒蛾无公害防治（曹传旺等，2015）。

利用 RNAi 技术获得舞毒蛾 *P450* 基因沉默体，并使沉默体取食杨树多种次生物质，研究沉默体幼虫体内解毒酶基因对次生物质的胁迫响应。利用 RNAi 技术分别沉默舞毒蛾 *CYP4L23*、*CYP6AB37*、*CYP9A54v1*、*CYP332A6* 基因，并饲喂含水杨苷、芦丁或联合处理 2 的人工饲料以检测抗性大小。在舞毒蛾 *CYP4L23*、

CYP6AB37、*CYP9A54v1*、*CYP332A6* 基因沉默效率最佳的时间点分别对应记录舞毒蛾体重增长情况。结果表明，有效沉默舞毒蛾 *CYP6AB37*、*CYP9A54v1* 基因后，经含水杨苷的人工饲料饲喂后的舞毒蛾 3 龄幼虫表现出体重显著降低（$P<0.05$），分别比注射绿色荧光蛋白（*green fluorescence protein*，*GFP*）基因对照组下降了20.20%、13.83%。舞毒蛾 *CYP332A6* 基因被沉默后，经芦丁胁迫的幼虫与对照相比体重显著降低了 9.00mg（$P<0.05$）。舞毒蛾 *CYP9A54v1* 在 48h 时有最大的沉默效果，沉默体经添加联合处理 2 的人工饲料饲喂后，体重显著下降。舞毒蛾 *CYP6AB37*、*CYP9A54v1*、*CYP332A6* 基因沉默体经添加水杨苷的人工饲料饲喂120h 后，与 ds*GFP* 对照组相比，体重显著下降。注射舞毒蛾 ds*CYP6AB37*、ds*CYP9A54v1* 基因120h 后，联合处理 2 处理组的沉默体体重也出现了显著下降的情况（图 3-22）。

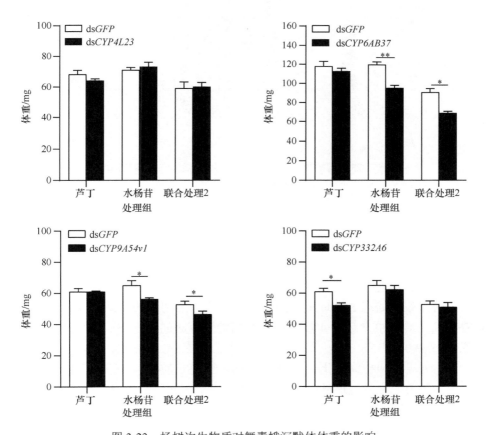

图 3-22　杨树次生物质对舞毒蛾沉默体体重的影响

舞毒蛾 *CYP332A6* 基因沉默体为 48h 的体重；*CYP4L23* 和 *CYP9A54v1* 基因沉默体为 72h 的体重；*CYP6AB37* 基因沉默体为 120h 的体重。采用 *t* 检验，*表示差异显著（$P<0.05$）；**表示差异极显著（$P<0.01$）。

舞毒蛾幼虫经 *CYP4L23*、*CYP6AB37*、*CYP9A54v1*、*CYP332A6* 基因沉默的不同处理后，分别取食含水杨苷、芦丁和联合处理 2 的人工饲料 7d，存活率情况如图 3-23 所示。经芦丁饲喂后，对照组无幼虫死亡，ds*CYP4L23* 处理组、ds*CYP9A54v1* 处理组和 ds*CYP332A6* 处理组的存活率与对照组差异不显著。取食添加水杨苷的人工饲料后，对照组幼虫存活率为 100%，ds*CYP4L23* 处理组、ds*CYP6AB37* 处理组的幼虫存活率分别为 96.67% 和 90.00%，差异不显著。处理组 *CYP6AB37* 基因沉默后在联合处理 2 的人工饲料饲喂后适应性下降，表现出最低的存活率，与对照组相比降低了 16.67%。

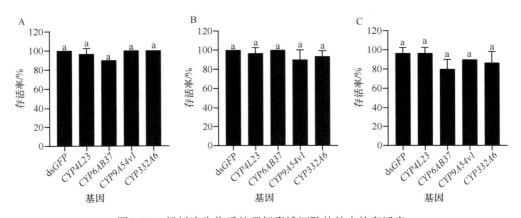

图 3-23　杨树次生物质处理舞毒蛾沉默体幼虫的存活率

A、B 和 C 分别为水杨苷处理、芦丁处理和联合处理 2 处理。用邓肯多重范围检验分析差异显著性，各图小写字母相同表示不同基因沉默处理间差异不显著（$P \geqslant 0.05$）。

舞毒蛾 3 龄幼虫分别注射 *CYP4L23*、*CYP6AB37*、*CYP9A54v1*、*CYP332A6* 基因的 dsRNA 后，用添加水杨苷的人工饲料饲喂后，从 3 龄幼虫发育至 4 龄幼虫的时间差异不显著（表 3-9）。将舞毒蛾 *CYP6AB37* 基因的 dsRNA 注射到 3 龄幼虫体内，联合处理 2 处理组 3 龄幼虫发育至 4 龄幼虫的时间为 5.98d，而注射 ds*GFP* 的 3 龄幼虫发育至 4 龄幼虫的时间龄发育时间为 5.35d，两处理组间差异显著（$P < 0.05$）。

食物利用率和食物转化率反映了昆虫对食物的适应性，用以评价昆虫对所取食食物的行为变化及生理反应。综合体重、存活率和龄期的研究结果，选取舞毒蛾 *CYP6AB37* 基因进行干扰，进一步探索 *CYP6AB37* 基因沉默对舞毒蛾营养利用指标的影响。

表3-9　杨树次生物质处理对舞毒蛾幼虫沉默体 3 龄发育历期的影响

基因沉默处理	3 龄幼虫发育至 4 龄幼虫的时间/d		
	水杨苷	芦丁	联合处理 2
ds*GFP*	5.03±0.15a	4.88±0.07b	5.35±0.25b
ds*CYP4L23*	5.33±0.06a	4.88±0.04b	5.53±0.41ab
ds*CYP6AB37*	5.27±0.15a	5.07±0.21b	5.98±0.08a
ds*CYP9A54v1*	5.22±0.10a	4.97±0.20b	5.33±0.14b
ds*CYP332A6*	5.10±0.36a	4.98±0.17b	5.68±0.16ab

注：表中数据为平均值±标准误。用邓肯多重范围检验分析差异显著性，每列不含相同小写字母表示同一处理不同基因沉默处理间差异显著（$P<0.05$）。

注射舞毒蛾 ds*CYP6AB37* 后，经水杨苷饲喂 48h 的营养利用指标见表 3-10。与对照 ds*GFP* 相比，舞毒蛾 3 龄幼虫的相对生长率减少了 42.87%；近似消化率减少了 1.22%。注射舞毒蛾 ds*CYP6AB37* 的幼虫表现出低的食物利用率和食物转化率，分别为 8.82% 和 10.16%。注射舞毒蛾 ds*CYP6AB37* 后，经芦丁饲喂 48h 的营养利用指标见表 3-11。注射舞毒蛾 ds*CYP6AB37* 的幼虫在添加芦丁的人工饲料上相对生长率减少了 5.71%，近似消化率增加了 1.26%。注射舞毒蛾 ds*CYP6AB37* 的沉默体取食芦丁后的食物利用率和食物转化率分别比对照增加了 2.10% 和 3.47%（表 3-11）。

表3-10　水杨苷对舞毒蛾基因沉默幼虫营养利用指标的影响

基因沉默处理	相对生长率/%	相对取食量/%	食物利用率/%	食物转化率/%	近似消化率/%
ds*GFP*	141.50±20.33a	13.91±3.94a	10.94±4.55a	12.43±5.60a	88.92±3.15a
ds*CYP6AB37*	98.63±18.77a	11.70±2.25a	8.82±3.04a	10.16±3.88a	87.70±4.01a

注：表中数据为平均值±标准误。用邓肯多重范围检验分析差异显著性，每列小写字母相同表示不同处理间差异不显著（$P⩾0.05$）。

表3-11　芦丁对舞毒蛾基因沉默幼虫营养利用指标的影响

基因沉默处理	相对生长率/%	相对取食量/%	食物利用率/%	食物转化率/%	近似消化率/%
ds*GFP*	128.14±4.46a	10.02±3.71a	14.35±6.32a	18.39±10.25a	81.10±8.27a
ds*CYP6AB37*	122.43±3.70a	10.08±1.12a	12.25±1.52a	14.92±2.25a	82.36±2.36a

注：表中数据为平均值±标准误。用邓肯多重范围检验分析差异显著性，每列小写字母相同表示不同处理间差异显著（$P<0.05$）。

注射舞毒蛾 *CYP6AB37*、*CYP9A54v1* 基因的 dsRNA，经水杨苷喂食，分别在沉默效率最佳时间点称取舞毒蛾 3 龄幼虫体重，结果发现，*CYP6AB37*、*CYP9A54v1* 的基因沉默体体重同注射 ds*GFP* 的对照组相比显著下降。在 *CYP332A6* 基因沉默效率最佳的时间点称取芦丁组幼虫体重，比对照组降低了 14.75%，暗示 *CYP6AB37*、*CYP9A54v1* 基因可能参与了水杨苷的代谢，*CYP332A6* 基因可能参与了芦丁的代谢。本研究利用 RNAi 技术探讨了舞毒蛾 *CYP6AB37*、*CYP332A6*、*CYP9A54v1* 和

CYP4L23 等解毒酶基因在水杨苷和芦丁的解毒代谢中的功能，其中 *CYP6AB37* 和 *CYP9A54v1* 沉默后，经水杨苷饲喂，舞毒蛾幼虫出现体重降低的现象；*CYP332A6* 被有效沉默后，舞毒蛾 3 龄幼虫对芦丁的敏感性增加，幼虫体重下降，暗示 *CYP6AB37* 和 *CYP9A54v1* 基因与水杨苷的代谢有一定的关系，而 *CYP332A6* 参与了芦丁的代谢，但不一定是起主要作用的基因。舞毒蛾 *CYP4L23* 基因沉默后，在水杨苷和芦丁处理中均未产生体重的降低，这表明该基因可能不参与舞毒蛾对水杨苷和芦丁的代谢。综合舞毒蛾 3 龄幼虫发育时间的延长和食物转化率的降低的结果，*CYP6AB37* 基因参与了舞毒蛾代谢水杨苷的代谢解毒的过程，该研究结果为舞毒蛾的防治提供了新的目的基因（王振越，2020）。

　　为研究解毒酶基因对次生物质胁迫的响应，我们利用 RNAi 技术分别沉默舞毒蛾幼虫 *CYP6B53* 和 *CYP6AN15v1* 基因。饲喂含黄酮和含槲皮素的饲料，检测杨树次生物质对舞毒蛾幼虫生理指标的影响。舞毒蛾幼虫经 ds*GFP*、ds*CYP6B53* 和 ds*CYP6AN15v1* 的不同处理后，分别取食含黄酮与含槲皮素的人工饲料 3d，存活率情况如图 3-24 所示。经黄酮饲喂后，对照组存活率最高，为 90%，显著高于注射目的基因 ds*RNA* 的处理组（$P<0.05$）。在注射目的基因 ds*RNA* 的处理组中，ds*CYP6AN15v1* 处理组的存活率较高，为 76%。取食含槲皮素的人工饲料后，对照组幼虫存活率为 95%，显著高于注射目的基因 ds*RNA* 的处理组（$P<0.05$）。注射目的基因 ds*RNA* 处理组中，ds*CYP6B53* 处理组的存活率为 81.58%，显著高于 ds*CYP6AN15v1* 处理组。

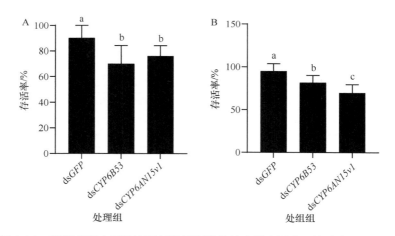

图 3-24　黄酮或槲皮素胁迫下舞毒蛾沉默体幼虫的存活率（许力山，2021）

A 和 B 分别为黄酮处理和槲皮素处理。用邓肯多重范围检验分析差异显著性，各图小写字母表示不同处理组间差异显著（$P<0.05$）。

黄酮或槲皮素胁迫72h注射ds*CYP6B53*处理组和注射ds*CYP6AN15v1*处理组，舞毒蛾体重情况如图 3-25、表 3-12、图 3-26 和表 3-13 所示。结果表明，取食含黄酮或槲皮素的饲料后，ds*GFP* 对照组与目的基因 ds*RNA* 的处理组体重均呈现下降趋势。取食含黄酮的饲料后，注射ds*CYP6B53*的处理组和注射ds*CYP6AN15v1*

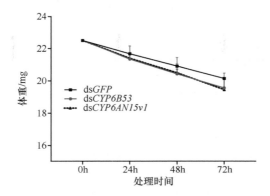

图 3-25　黄酮胁迫下舞毒蛾沉默体幼虫的体重（许力山，2021）

表 3-12　黄酮胁迫下舞毒蛾沉默体幼虫体重间的差异显著性（许力山，2021）

处理	0h 体重	24h 体重	48h 体重	72h 体重
ds*GFP*	a	a	a	a
ds*CYP6B53*	a	a	b	b
ds*CYP6AN15v1*	a	a	b	b

注：该表为图 3-25 黄酮胁迫不同时间点舞毒蛾沉默体幼虫体重间的差异显著性。用邓肯多重范围检验分析差异显著性，同列不同小写字母表示同一处理时间不同处理间差异显著（$P<0.05$）。

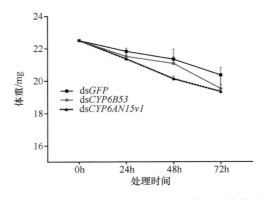

图 3-26　槲皮素胁迫下舞毒蛾沉默体幼虫的体重（许力山，2021）

表 3-13 槲皮素胁迫下舞毒蛾沉默体幼虫体重间的差异显著性（许力山，2021）

处理	0h 体重	24h 体重	48h 体重	72h 体重
ds*GFP*	a	a	a	a
ds*CYP6B53*	a	a	a	b
ds*CYP6AN15v1*	a	a	b	b

注：该表为图 3-26 槲皮素胁迫不同时间点舞毒蛾沉默体幼虫体重间的差异显著性。用邓肯多重范围检验分析差异显著性，同列不同小写字母表示同一处理时间不同处理间差异显著（$P<0.05$）。

的处理组在沉默效率最高的 48h 体重均显著低于注射 ds*GFP* 的对照组（20.92mg，$P<0.05$），分别比对照组下降 0.49mg 和 0.41mg。同时，取食含槲皮素的饲料后，48h 对照组体重为 21.34mg，注射 ds*CYP6B53* 的处理组体重比对照组降低 0.27mg，与对照组差异不显著，注射 ds*CYP6AN15v1* 的处理组体重显著低于对照组，比对照组减少 1.20mg。黄酮胁迫下沉默 72h，注射 ds*CYP6B53* 的处理组和注射 ds*CYP6AN15v1* 的处理组与注射 ds*GFP* 的处理组相比，体重分别下降 0.59mg 和 0.70mg，均差异显著（$P<0.05$）。槲皮素胁迫 72h，注射 ds*CYP6B53* 的处理组和注射 ds*CYP6AN15v1* 的处理组体重均显著低于对照组（$P<0.05$），分别比对照组降低 0.83mg 和 1.01mg。

将目的基因沉默后的舞毒蛾沉默体分别置于含黄酮和含槲皮素的饲料中，注射 ds*CYP6B53* 的处理组和注射 ds*CYP6AN15v1* 的处理组舞毒蛾沉默体存活率相比注射 ds*GFP* 的对照组显著降低。取食含有黄酮的饲料后，72h 对照组存活率为 90%，而舞毒蛾沉默体的存活率显著低于对照组；取食含有槲皮素饲料的对照组的存活率为 95%，舞毒蛾沉默体的存活率较低，均与对照组存在显著差异。次生物质处理 72h 后，注射目的基因 dsRNA 的处理组体重均显著低于对照组。试验结果表明，沉默目的基因后的舞毒蛾在杨树次生物质黄酮和槲皮素胁迫下，存活率显著下降，体重显著降低。说明解毒酶相关基因被沉默后，虫体无法有效参与外源次生物质的应答，降低了昆虫的解毒能力，导致昆虫死亡率上升。

探究舞毒蛾对次生物质在解毒相关的响应及抗药性的变化机制，可为植物与昆虫相互作用提供更丰富的理论依据，可为无公害防治舞毒蛾提供新思路和新材料，并对生产实践中杀虫剂的合理施用及增效剂和复配剂的开发具有指导意义。

主要参考文献

曹传旺, 高彩球, 孙丽丽, 等. 2015. 舞毒蛾 *CYP6AN15v1* 基因 dsRNA 及其在无公害防治中的应用: CN201510054278.1[P]. 2015-04-29.

党英侨, 殷晶晶, 陈传佳, 等. 2017. 转舞毒蛾 *LdCYP6AN15v1* 基因果蝇品系对氯虫苯甲酰胺胁迫响应[J]. 林业科学, 53(6): 94-104.

冷欣夫, 邱星辉. 2001. 细胞色素 P450 酶系的结构、功能与应用前景[M]. 北京: 科学出版社.

邱星辉. 2014. 细胞色素 P450 在家蝇抗药性中的作用[J]. 中国媒介生物学及控制杂志, 25(6): 591-593.

王慧东. 2019. 棉铃虫 *CYP6AE* 基因簇对异源化合物的代谢功能及其基因表达调控研究[D]. 南京农业大学博士学位论文.

王静静, 高庆, 李承哲, 等. 2021. 植物与植食性昆虫的分子互作: 基础与应用[J]. 环境昆虫学报, 43(4): 901-908.

王瑞龙, 孙玉林, 梁笑婷, 等. 2012. 6 种植物次生物质对斜纹夜蛾解毒酶活性的影响[J]. 生态学报, 32(16): 5191-5198.

王怡. 2016. 不同玉米品种(系)及单宁和没食子酸对玉米蚜解毒酶活性的影响[D]. 河南农业大学硕士学位论文.

王振越. 2020. 杨树主要次生物质对舞毒蛾生长发育及主要解毒酶影响[D]. 东北林业大学硕士学位论文.

武磊, 李路莎, 王立颖, 等. 2020. 没食子酸对美国白蛾幼虫营养效应及解毒酶活性的影响[J]. 环境昆虫学报, 42(2): 471-479.

许力山. 2021. 三种次生物质与溴氰虫酰胺对舞毒蛾 P450 和 GST 影响研究[D]. 东北林业大学硕士学位论文.

薛绪亭, 孙丽丽, 刘鹏, 等. 2016. 表达 *LdCYP6B53* 果蝇品系建立及对杀虫剂的敏感性[J]. 中国农学通报, 32(19): 97-101.

杨雪清, 刘吉元, 张雅林. 2015. 分子模拟技术及其在苹果蠹蛾代谢杀虫剂分子机制研究中的应用进展[J]. 生物安全学报, 24(4): 265-273.

张琪慧, 孙丽丽, 刘鹏, 等. 2018. 转舞毒蛾 *CYP6B53* 基因果蝇品系对 2 种杀虫剂的胁迫响应[J]. 吉林农业大学学报, 40(2): 152-156.

Browne L B. 1993. Physiologically induced changes in resource-oriented behavior[J]. Annual Review of Entomology, 38: 1-25.

Calla B, Noble K, Johnson R M, et al. 2017. Cytochrome P450 diversification and hostplant utilization patterns in specialist and generalist moths: birth, death and adaptation[J]. Molecular Ecology, 26(21): 6021-6035.

Chen C Y, Han P, Yan W Y, et al. 2018a. Uptake of quercetin reduces larval sensitivity to lambda-cyhalothrin in *Helicoverpa armigera*[J]. Journal of Pest Science, 91(2): 919-926.

Chen H, Liu J, Cui K, et al. 2018b. Molecular mechanisms of tannin accumulation in Rhus galls and genes involved in plant-insect interactions[J]. Scientific Reports, 8(1): 1-12.

Clark J T, Ray A. 2016. Olfactory mechanisms for discovery of odorants to reduce insect-host contact[J]. Journal of Chemical Ecology, 42(9): 919-930.

Feyereisen R. 1999. Insect P450 enzymes[J]. Annual Review of Entomology, 44(1): 507-533.

Feyereisen R. 2005. Insect cytochrome P450[J]. Comprehensive Molecular Insect Science, 4: 1-77.

Feyereisen R. 2006. Evolution of insect P450[J]. Biochemical Society Transactions, 34(6): 1252-1255.

Gatehouse J A. 2002. Plant resistance towards insect herbivores: a dynamicinteraction[J]. New Phytologist, 156(2): 145-169.

Giraudo M, Hilliou F, Fricaux T, et al. 2015. Cytochrome P450s from the fall armyworm (*Spodoptera frugiperda*): responses to plant allelochemicals and pesticides[J]. Insect Molecular Biology, 24(1): 115-128.

Guengerich F P. 2003. Activation of dihaloalkanes by thiol-dependent mechanisms[J]. Journal of Biochemistry and Molecular Biology, 36(1): 20-27.

Li X C, Baudry J, Berenbaum M R, et al. 2004. Structural and functional divergence of insect CYP6B proteins: from specialist to generalist cytochrome P450[J]. Proceedings of the National Academy of Sciences of the United States of America, 101(9): 2939-2944.

Li X C, Schuler M, Berenbaum M R, et al. 2007. Molecular mechanisms of metabolic resistance to synthetic and natural xenobiotics[J]. Annual Review of Entomology, 52(1): 231-253.

Liu X N, Liang P, Gao X W, et al. 2006. Induction of the cytochrome P450 activity by plant allelochemicals in the cotton bollworm, *Helicoverpa armigera* (Hübner)[J]. Pesticide Biochemistry and Physiology, 84(2): 127-134.

Manikandan P, Nagini S. 2018. Cytochrome P450 structure, function and clinical significance: a review[J]. Current Drug Targets, 19(1): 38-54.

Mao W F, Rupasinghe S G, Johnson R M, et al. 2009. Quercetin-metabolizing CYP6AS enzymes of the pollinator *Apis mellifera* (Hymenoptera: Apidae)[J]. Comparative Biochemistry and Physiology Part B Biochemistry and Molecular Biology, 154(4): 427-434.

Miota F, Siegfried B D, Scharf M E, et al. 2000. Atrazine induction of cytochrome P450 in *Chironomus tentans* larvae[J]. Chemosphere, 40: 285-291.

Mithfer A, Boland W. 2012. Plant defense against herbivores: chemical aspects[J]. Annual Review of Plant Biology, 63(1): 431-450.

Nelson D R. 2018. Cytochrome P450 diversity in the tree of life[J]. Biochimica et Biophysica Acta - Proteins and Proteomics, 1866(1): 141-154.

Petersen R A, Zangerl A R, Berenbaum M R, et al. 2001. Expression of *CYP6B1* and *CYP6B3* cytochrome P450 monooxygenases and furanocoumarin metabolism in different tissues of *Papilio polyxenes* (Lepidoptera: Papilionidae)[J]. Insect Biochemistry and Molecular Biology, 31(6/7): 679-690.

Rane R V, Ghodke A B, Hoffmann A A, et al. 2019. Detoxifying enzyme complements and host use phenotypes in 160 insect species[J]. Current Opinion in Insect Science, 31: 131-138.

Riveron J M, Ibrahim S S, Chanda E, et al. 2014. The highly polymorphic *CYP6M7* cytochrome P450 gene partners with the directionally selected *CYP6P9a* and *CYP6P9b* genes to expand the pyrethroid resistance front in the malaria vector *Anopheles funestus* in Africa[J]. BMC Genomics, 15(1): 817.

Schuler M A. 2011. P450s in plant-insect interactions[J]. Biochimica et Biophysica Acta - Proteins and Proteomics, 1814(1): 36-45.

Schuman M C, Baldwin I T. 2016. The layers of plant responses to insect herbivores[J]. Annual Review of Entomology, 61: 373-394.

Sun L L, Wang Z Y, Zou C S, et al. 2014. Transcription profiling of 12 asian gypsy moth (*Lymantria dispar*) cytochrome *P450* genes in response to insecticides[J]. Archives of Insect Biochemistry and Physiology, 85(4): 181-194.

Tao X Y, Xue X Y Huang Y P, et al. 2012. Gossypol-enhanced *P450* gene pool contributes to cotton bollworm tolerance to a pyrethroid insecticide[J]. Molecular Ecology, 21(17): 4371-4385.

Wen Z M, Pan L P, Berenbaum M R, et al. 2003. Metabolism of linear and angular furanocoumarins by *Papilio polyxenes* CYP6B1 co-expressed with NADPH cytochrome P450 reductase[J]. Insect Biochemistry and Molecular Biology, 33(9): 937-947.

Zumwalt J G, Neal J J. 1993. Cytochromes P450 from *Papilio polyxenes*: adaptations to host plant allelochemicals[J]. Comparative Biochemistry and Physiology Part C: Pharmacology, Toxicology and Endocrinology, 106(1): 111-118.

第 4 章　舞毒蛾分子靶标 GST 和 Hsp 功能分析

植物和昆虫共存已超过 3.5 亿年，在长期的相互作用中，已经进化出克服彼此防御系统的策略（陈澄宇等，2015）。植物次生物质是植食性昆虫与寄主植物共同进化的重要媒介之一（Howe and Herde，2015）。植物次生物质随食物进入昆虫体内，可诱导昆虫相关代谢酶基因表达上调，产生保护酶，用于清除体内有害物质胁迫产生的自由基，保护重要组织和器官，同时，解毒酶活性升高可加快次生物质的解毒和代谢过程，将体内有毒的外源化合物分解并加以利用或排出体外，从而减轻甚至免除次生物质的毒害作用（李时荣等，2018）。

目前，防治害虫的主要方法是化学防治，但化学防治带来的"3R"问题（抗性、再增猖獗和残留）不容忽视，并且昆虫通过上调解毒酶基因的表达、增强解毒酶活性等生理过程对化学药剂的抗性也在不断提高（Brattsten 和许文娜，1987）。将化学防治与植物源杀虫剂有机结合提高杀虫效率是近几年来的研究热点。在杀虫剂与植物次生物质的胁迫下，昆虫进化出完整的解毒代谢体系以减少对自身造成的伤害，其中谷胱甘肽 *S*-转移酶（glutathione *S*-transferase，GST）的功能十分重要。植物次生物质可以通过影响解毒酶 GST 相关基因的表达来诱导或抑制昆虫解毒酶活性，从而影响昆虫抗药性。这种效应还与植物次生物质的种类和含量、昆虫的种类和发育阶段、温度、湿度和植物种类等有关。

热激蛋白（Hsp）在昆虫体内不仅参与昆虫的生长发育与代谢过程，还能够使细胞在面对环境胁迫时调整自身的适应胁迫能力以保证正常的生理功能。随着全球气候变暖和害虫抗药性的提高，害虫对生境的适应能力增强。对 GST 和 Hsp 的深入研究可为探讨害虫抗逆机制以及害虫综合治理提供一定的理论基础。

4.1　杨树次生物质和杀虫剂对 GST 活性的影响

解毒酶是昆虫体内产生的一类可以代谢多种化合物的酶系。GST 是昆虫重要的解毒酶之一，可以被外源次生物质或化学药剂诱导，参与有毒化合物的代谢解毒过程（Sookrung et al.，2018）。其作用机制主要是通过催化谷胱甘肽（glutathione，GSH）与外源有毒非极性化合物的亲电基团共轭结合，从而使细胞排出反应产物（Lu et al.，2020）。测定昆虫体内解毒酶 GST 活性的变化是判断解毒酶 GST 是否参与昆虫抗性最有效、最直接的方法。

4.1.1　杨树次生物质对舞毒蛾 GST 活性的影响

根据杨树叶片次生代谢产物的含量（An et al.，2006；胡增辉等，2009；伊爱芹等，2010；吕伟强等，2013；刘影和梅晰凡，2014），将筛选出的 6 种主要杨树次生代谢产物水杨苷［0.7%（w/w），本章后同］、咖啡酸（0.02%）、邻苯二酚（0.4%）、黄酮（0.8%）、芦丁（0.5%）和槲皮素（0.02%）溶解于二甲基亚砜（dimethyl sulfoxide，DMSO），并与人工饲料混合，用来饲喂舞毒蛾 2 龄幼虫。联合处理 1（水杨苷与黄酮）处理组、联合处理 2（水杨苷、咖啡酸与邻苯二酚）处理组和联合处理 3（黄酮、咖啡酸和邻苯二酚）处理组的 GST 活性在 12h、24h 和 72h 均显著高于对照组。邻苯二酚处理组在 12h 诱导活性最大，为对照组的 3.40 倍；联合处理 3 处理组在 48h 表现出最小诱导活性，为对照组的 1.24 倍。另外，与对照组相比，咖啡酸处理组、水杨苷处理组和联合处理 2 处理组在 24h 时所诱导的 GST 活性涨幅高于其他处理时间，分别为对照组的 2.64 倍、2.69 倍和 3.00 倍。GST 活性在各处理组中均诱导增强（图 4-1），这表明 GST 能使昆虫广泛地适应多种次生物质。

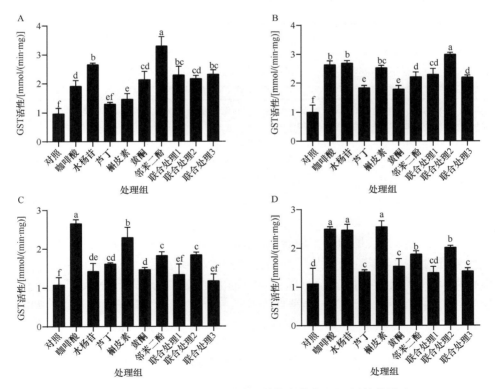

图 4-1　杨树次生物质对舞毒蛾 2 龄幼虫体内 GST 活性的影响

A、B、C 和 D 分别表示 12h、24h、48h 和 72h 的次生物质处理。用邓肯多重范围检验分析差异显著性，各图不含相同小写字母表示不同处理组间差异显著（$P < 0.05$）。

4.1.2 杀虫剂对舞毒蛾 GST 活性的影响

选取吡虫啉和溴氰虫酰胺的 3 种联合配比对舞毒蛾 2 龄幼虫 48h 的亚致死浓度（LC_{10}）（1：1 的 LC_{10} 为 2.23mg/L，1：2 的 LC_{10} 为 2.19mg/L，2：1 的 LC_{10} 为 1.63mg/L），处理舞毒蛾 2 龄幼虫 12h、24h、48h 和 72h 后分别取样测定解毒酶 GST 活性，探讨舞毒蛾解毒酶 GST 对两种农药的 3 种联合配比的解毒行为机制。

一般情况下，昆虫摄入有毒化合物后，体内 *GST* 基因表达和解毒酶活性会显著升高，以协助昆虫应对毒物胁迫，维持昆虫自身的发育和生存（于瑞莲等，2009）。吡虫啉和溴氰虫酰胺联合作用对舞毒蛾 2 龄幼虫 GST 活性的影响见表 4-1。混合农药配比处理舞毒蛾 2 龄幼虫 GST 活性均显著高于对照组，并且 GST 含量存在时间-剂量效应，主要表现为促进作用。

表 4-1 吡虫啉和溴氰虫酰胺联合作用对舞毒蛾 2 龄幼虫 GST 活性的影响

处理时间/h	GST 活性/［μmol/（min·mg）］			
	对照组	1：1 处理组	1：2 处理组	2：1 处理组
12	8.618±0.840d	10.103±0.420c	17.829±2.912a	13.669±1.112b
24	8.915±0.728c	18.424±1.112b	21.395±0.728a	16.938±1.926b
48	8.618±0.840c	24.070±2.184b	21.990±0.420b	31.499±0.420a
72	8.320±0.840d	31.499±1.112b	19.315±1.832c	38.333±0.728a

注：采用 SPSS 软件进行单因素方差分析和邓肯多重范围检验进行显著性差异分析，同行不同小写字母表示同一处理时间不同处理组间差异显著（$P < 0.05$）。

处理 12h，联合作用组 GST 活性均高于对照组，其中 1：2 处理组促进作用最大，为对照组的 2.07 倍。处理 48h 和 72h 后，随着吡虫啉在联合处理中比例的增大，GST 活性升高，在处理 72h 后，2：1 处理组促进作用最大，为对照组的 4.61 倍。1：1 处理组、2：1 处理组随处理时间延长 GST 活性逐渐增加，这主要是因为在低浓度胁迫下，混合配比的农药暂未对舞毒蛾机体构成严重伤害，随着处理时间的延长，舞毒蛾幼虫自身的防御机制快速反应，产生 GST 进行解毒作用。1：2 配比下 GST 活性随处理时间的延长，呈现先上升后下降的趋势，舞毒蛾体内 GST 活性于 72h 显著低于其他联合作用组，降低了舞毒蛾对药剂的敏感性。

4.1.3 杨树次生物质与杀虫剂联用对舞毒蛾 GST 活性的影响

为了综合评价杨树次生物质黄酮（0.8%）、槲皮素（0.02%）、芦丁（0.5%）对昆虫响应化学药剂溴氰虫酰胺敏感性的影响，以 DMSO 作为对照，探究不同胁迫条件下舞毒蛾 GST 活性（图 4-2）。处理 6h 时，黄酮、槲皮素和芦丁胁迫处理对 GST 诱导效果分别为对照组 [1.06μmol/（min·mg）] 的 1.17 倍（P＜0.05）、1.07 倍和 1.21 倍（P＜0.05）。芦丁处理组在 12h 的 GST 诱导活性最高，达到 2.08μmol/（min·mg），显著高于对照组。槲皮素处理组在 24h 和 48h 较黄酮和芦丁对 GST 的诱导作用更强，分别为 2.65μmol/（min·mg）和 2.43μmol/（min·mg）。溴氰虫酰胺（4.08mg/L）处理下观测时间内对 GST 的诱导效果显著高于单一次生物质处理组，在 6h、12h、24h 和 48h GST 活性依次为 1.73μmol/（min·mg）、2.57μmol/（min·mg）、2.79μmol/（min·mg）和 2.72μmol/（min·mg）。除联合处理 1（黄酮溶液 0.158g/L，溴氰虫酰胺溶液 4.08mg/L，二者体积比为 39∶1）在 6h、12h 的诱导效果低于溴氰虫酰胺作用外，其他时间点联合处理 1、联合处理 2（槲皮素溶液 6.313g/L，溴氰虫酰胺溶液 4.08mg/L，二者体积比为 1547∶1）和联合处理 3（芦丁溶液 3.946g/L，溴氰虫酰胺溶液 4.08mg/L，二者体积比为 967∶1）的诱导作用均强于溴氰虫酰胺，其中联合处理 2 在 24h 和 48h 的 GST 活性分别为 3.65μmol/（min·mg）和 3.24μmol/（min·mg），显著高于其他处理组，为对照组的 3.09 倍和 3.12 倍。

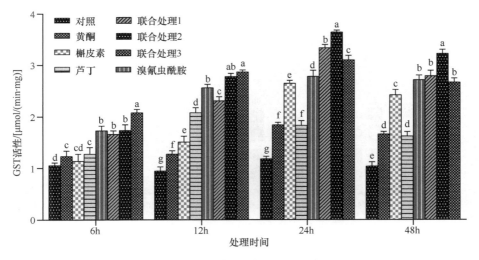

图 4-2　杨树次生物质和溴氰虫酰胺对舞毒蛾 2 龄幼虫 GST 活性的影响（许力山，2021）
用邓肯多重范围检验分析差异显著性，不含相同小写字母表示同一处理时间不同处理组间差异显著（P＜0.05）。

4.2　杨树次生物质与杀虫剂对 *GST* 和 *Hsp* 家族基因表达的影响

　　昆虫体内解毒酶系 GST 的基因家族可分为 *Delta*、*Epsilon*、*Omega*、*Sigma*、*Theta* 和 *Zeta*（Ketterman et al.，2011）。某些昆虫种类在解毒过程中 *GST* 基因的

过表达与代谢外源化合物呈正相关,这个过程与 GST 相关酶系的诱导效应和代谢过程存在密切联系(Lu et al.,2020)。

Hsp 是生物体细胞在应激源诱导下激活 *Hsp* 基因从而表达的蛋白质(陈华友等,2008)。Hsp 参与昆虫的生长发育与代谢过程,并能使细胞在面对环境胁迫时调整适应胁迫能力,以保证正常的生理功能。Hsp 可分为 5 类:Hsp100、Hsp90、Hsp70、Hsp60 和小分子热激蛋白(smHsp)(Gupta et al.,2010)。DnaJ 蛋白是 DnaK/Hsp70 亚类的辅助因子(Diefenbach and Kindl,2000),能够促进部分变性的蛋白质复性(重新折叠)来保护受胁迫损害的细胞并使之恢复正常功能(Glover and Lindquist,1998;Weber-Ban et al.,1999)。对 Hsp 的深入研究可为探讨害虫抗逆机制以及害虫综合治理提供一定的理论基础。

4.2.1　杨树次生物质对 *GST* 基因表达的影响

对舞毒蛾转录组分析后,利用 BLASTX 程序从中筛选 13 个 *GST* 基因:*GSTo1*、*GSTo2*、*GSTe1*、*GSTe2*、*GSTe3*、*GSTe4*、*GSTs1*、*GSTs2*、*GSTt1*、*GSTz1*、*GSTz2*、*GSTd1* 和 *GSTd2*,属于 *Theta*、*Epsilon*、*Delta*、*Omega*、*Sigma* 和 *Zeta* 等 6 个家族。分析舞毒蛾这 13 个基因各发育阶段的表达谱,如图 4-3 所示。以卵期的表达量作为对照,其他发育阶段 *GST* 基因均有表达。

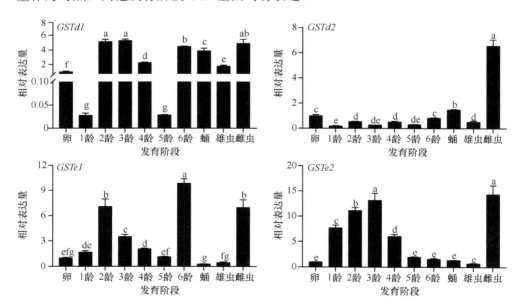

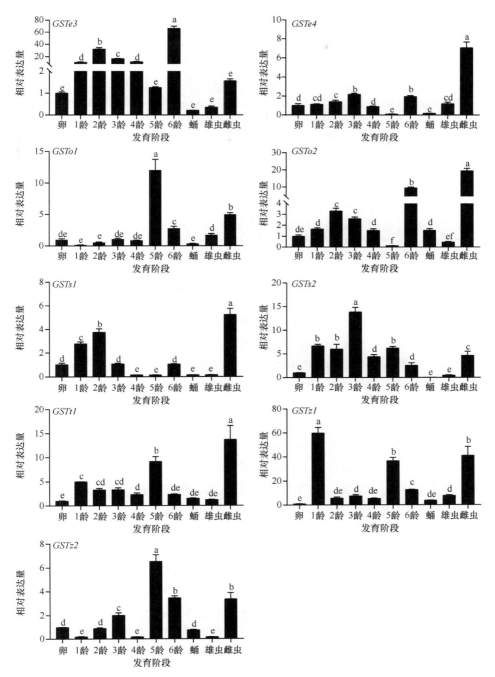

图 4-3　舞毒蛾 13 个 *GST* 基因各发育阶段的表达谱（Ma et al.，2021）
采用邓肯多重范围检验分析差异显著性，各图不含相同小写字母表示不同发育阶段间差异显著（$P<0.05$）。

GST 的 *Omega* 和 *Theta* 家族基因的表达水平主要在卵期显著表达。*GSTt1* 的表达在卵期之后的各个阶段均呈上调趋势,其中雌成虫的表达量是卵期的 13.13 倍。GST 的 *Delta* 和 *Zeta* 家族基因的雌成虫表达水平显著高于雄成虫($P < 0.05$)。*GSTd1*、*GSTd2*、*GSTe4*、*GSTz1* 和 *GSTz2* 在雌成虫中的表达量分别比雄成虫高 2.77 倍、12.53 倍、15.20 倍、5.28 倍和 20.92 倍。*GSTe3* 在 6 龄舞毒蛾幼虫中的表达水平最高,是卵期的 66.15 倍。*GSTd2* 在卵期之后表达下调,在 1 龄幼虫期表达最低,比卵期的表达量降低 77%。

GST 在不同发育阶段的表达水平与物种有关(Rhee et al.,2008;Kim et al.,2009)。东亚飞蝗(*Locusta migratoria manilensis*)的 *GSTu1* 基因在卵期无表达,但在其他发育阶段均有表达(Ranson et al.,2001)。然而,大多数美国白蛾 *GST* 在雄成虫中的表达水平略高于雌成虫(Sun et al.,2020)。此外,相同解毒酶基因在舞毒蛾的不同发育阶段的表达水平也发生了很大的变化。*GST* 的表达水平在舞毒蛾不同发育阶段的显著差异可能与舞毒蛾的生命活动状态有关,舞毒蛾只在幼虫期以寄主植物为食,因此与卵期相比,需要高表达 *GST* 以抵御寄主次生代谢产物等有毒物质的影响;*GST* 在舞毒蛾雌成虫中的表达量高于雄成虫,这提示 *GST* 可能与幼虫的解毒能力和雌成虫的繁殖有关。

昆虫解毒酶 *GST* 是可诱导的,对 *GST* 被诱导的表达量进行评估可以用来推测 *GST* 基因是否参与了外源性有毒物质的代谢解毒过程(Poupardin et al.,2008)。为确定杨树次生代谢产物对 *GST* 表达的影响,本课题组对舞毒蛾幼虫分别饲喂含水杨苷(0.7%)、咖啡酸(0.02%)、芦丁(0.5%)、槲皮素(0.02%)、邻苯二酚(0.4%)、黄酮(0.8%)、联合处理 1(水杨苷和黄酮)、联合处理 2(水杨苷、咖啡酸和邻苯二酚)和联合处理 3(黄酮、咖啡酸和邻苯二酚)的人工饲料后,分析了 13 个 *GST* 的表达量。除 *GSTs1* 外,其余 12 个 *GST* 基因在水杨苷处理下均上调。其中 *GSTz1*、*GSTd1*、*GSTo1*、*GSTt1*、*GSTe4* 的表达量分别为对照组的 29.24 倍($P < 0.01$)、3.80 倍($P < 0.01$)、3.15 倍($P < 0.01$)、2.46 倍($P < 0.01$)和 2.25 倍($P < 0.01$)。芦丁处理后,*GSTd1*、*GSTe4* 和 *GSTz1* 的表达量比对照组分别上调了 4.27 倍($P < 0.01$)、1.83 倍($P < 0.05$)和 1.16 倍($P < 0.05$)。联合处理 2 处理后,*GSTs1* 下调 41.09%($P < 0.01$),而 *GSTe1*、*GSTd1*、*GSTd2*、*GSTe4*、*GSTe2*、*GSTo1*、*GSTo2*、*GSTs2*、*GSTt1*、*GSTz1*、*GSTz2* 均上调,*GSTd2*、*GSTe4* 和 *GSTo1* 的表达量分别为对照组的 14.89 倍($P < 0.01$)、2.94 倍($P < 0.01$)和 2.62 倍($P < 0.01$)。咖啡酸、槲皮素和邻苯二酚处理下 *GSTs1* 和 *GSTs2* 的表达水平显著降低。在黄酮的处理下,舞毒蛾幼虫 *GST* 的 *Delta* 家族基因的表达量均有不同程度的上调(比对照组高 2.12～3.08 倍)。此外,在含有不同代谢物的各处理组中多个处理诱导 *GSTe4* 的表达,推测 *GSTe4* 可以抵御杨树次生代谢产物和其他有毒物质对舞毒蛾生长发育的负面影响(图 4-4)。

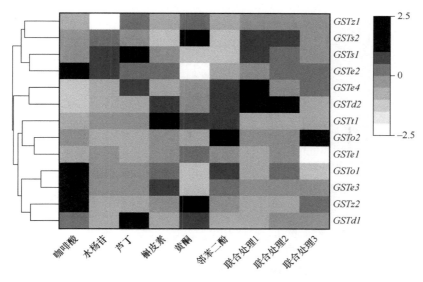

图 4-4　不同胁迫下舞毒蛾 13 个 *GST* 基因的相对表达量

以卵期基因表达量为对照，舞毒蛾不同发育阶段 *GST* 基因（*GSTd1*、*GSTd2*、*GSTd3*、*GSTe1*、*GSTe2*、*GSTe3*、*GSTo1*、*GSTo2*、*GSTs1*、*GSTs2*、*GSTt1*、*GSTz1* 和 *GSTz2*）的相对表达量如图 4-5 所示。13 个 *GST* 基因在舞毒蛾卵期后均有表达。同卵期相比，*GST* 的 *Omega* 和 *Theta* 家族基因表达水平在胚后发育主要呈上调趋势；其中 *GSTt1* 在胚后各个发育阶段均表现为上调表达，在雌成虫发育阶段 *GSTt1* 基因的转录水平最高，是卵期的 16.98 倍。*GST* 的 *Delta* 和 *Zeta* 家族基因雌成虫转录水平均显著高于雄成虫（$P < 0.05$），雌成虫的 *GSTd1*、*GSTd2*、*GSTd3*、*GSTz1* 和 *GSTz2* 基因的相对表达量分别是雄成虫的 2.77 倍、15.20 倍、12.53 倍、5.28 倍和 19.42 倍。*GSTe3* 在舞毒蛾 6 龄幼虫期有最高的转录水平，为对照的 66.15 倍。*GSTd3* 基因在卵期后除雌虫外，各发育阶段相对表达量较低，其中，3 龄幼虫期的相对表达量最低，与卵期相比，转录水平降低了 72.50%。

为了确定 *GST* 家族基因对杨树主要次生物质的响应程度，利用 qRT-PCR 技术分析了水杨苷（0.7%）、咖啡酸（0.02%）、芦丁（0.5%）、槲皮素（0.02%）、邻苯二酚（0.4%）、黄酮（0.8%）、联合处理 1、联合处理 2 和联合处理 3 处理舞毒蛾幼虫后 *GST* 基因表达的情况（图 4-6）。在咖啡酸、槲皮素和邻苯二酚处理下，*GSTs1* 和 *GSTs2* 相对表达量均显著降低。经黄酮处理后，*GST* 的 *Delta* 家族基因均出现不同程度的上调表达，为对照的 2.12~3.08 倍。经水杨苷处理后，除 *GSTs1* 外，其余 *GST* 基因相对表达量均诱导上调，其中 *GSTz1* 的相对表达量最大，为对照组的 29.24 倍。联合处理 3 处理组和水杨苷处理组基因相对表达量趋势相似，

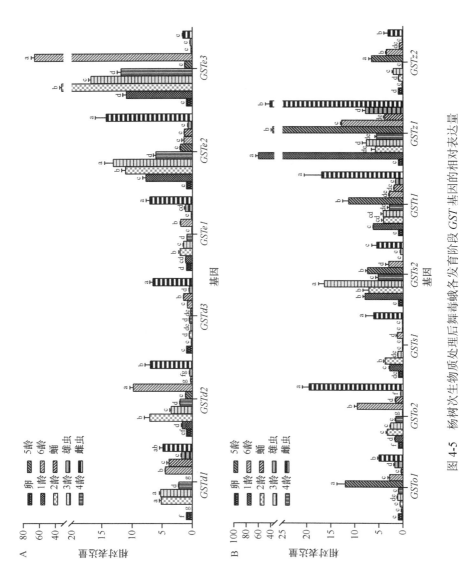

图 4-5 杨树次生物质处理后舞毒蛾各发育阶段 *GST* 基因的相对表达量

A. GST 的 *Delta* 和 *Epsilon* 家族基因表达谱；B. GST 的 *Omega*、*Sigma* 和 *Theta* 家族基因表达谱。用 Duncan 方法分析差异显著性，不含相同小写字母表示同一基因不同发育阶段间差异显著（$P<0.05$）。

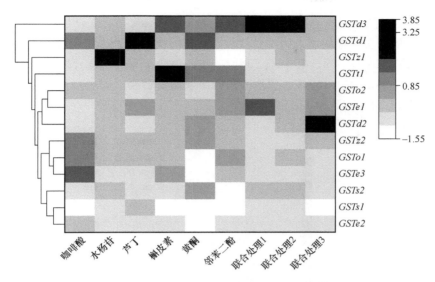

图 4-6　杨树次生物质对舞毒蛾幼虫 *GST* 基因表达的影响

对舞毒蛾 *GST* 基因产生诱导作用，多个 *GST* 基因的表达量表现为不同程度的上调。*GSTe1* 在各次生物质处理组中主要表现为诱导表达模式。

4.2.2　杨树次生物质与溴氰虫酰胺联合作用对 *GST* 基因表达的影响

根据不同杨树次生物质对舞毒蛾基因表达量的诱导和抑制作用，选择了 *GST* 家族的 *GSTe2*、*GSTs1*、*GSTs2* 和 *GSTz1* 基因作为候选基因。各处理组 6h、12h 和 24h 对舞毒蛾 2 龄幼虫解毒酶基因 *GSTe2* 均表现为诱导效果。芦丁处理组在观测时间内的诱导效果均显著高于其他次生物质单独处理组，在 4 个时间点依次为对照的 26.02 倍、9.84 倍、7.42 倍和 8.94 倍。黄酮处理 48h 和槲皮素处理 6h 分别达到各自的最佳诱导效果，诱导效果分别为对照的 6.48 倍和 4.83 倍。联合处理方法同 4.1.3 节，其中联合处理 2 的诱导效果于处理 6h 时显著高于其他处理。杨树次生物质与溴氰虫酰胺处理 12h 时，舞毒蛾 *GSTe2* 基因表达高于对照；联合处理 2 在处理 24h 时 *GSTe2* 基因表达显著高于对照；联合处理 3 在处理 48h 时 *GSTe2* 基因表达显著高于对照（图 4-7）。

杨树次生物质与溴氰虫酰胺（4.08mg/L）的胁迫对 *GSTs1* 的影响均表现为不同程度的诱导作用（图 4-8）。以溶剂 DMSO 作为对照。黄酮处理组在 6h 与 48h 的诱导效果更高，分别为对照组的 3.56 倍和 13.30 倍。处理 12h 和 24h 时，芦丁处理组的诱导效果在次生物质单独处理组中最高，分别为对照的 8.82 倍和 2.06 倍。除联合处理 1 和联合处理 2 在 24h 表现出较低的抑制作用外，3 种联合处理在其他观测时间均呈诱导表达上调，且在 6h、12h 和 48h（联合处理 1 48h 除外）的 GSTs1 基因表达量均比对照组显著上升，但不同联合处理组表现出最高诱导上调效果的处理时间不同，其中，处理时间内，联合处理 1、联合处理 2 和联合处理 3 分别在 48h、12h 和 6h 达到基因的诱导表达量最高，依次为对照的 11.96 倍、5.22 倍和 13.30 倍（图 4-8）。

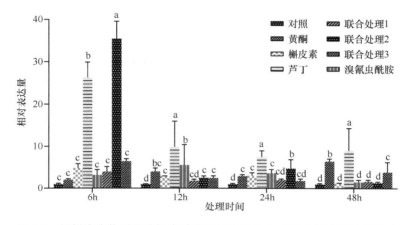

图 4-7　杨树次生物质和溴氰虫酰胺对舞毒蛾幼虫 GSTe2 基因表达的影响

用邓肯多重范围检验分析差异显著性，不含相同小写字母表示同一处理时间不同处理组间差异显著（P<0.05）。

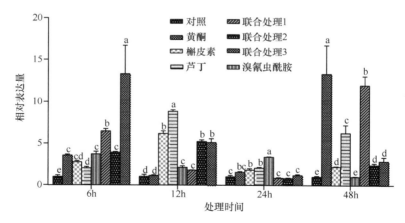

图 4-8　杨树次生物质和溴氰虫酰胺对舞毒蛾幼虫 GSTs1 基因表达的影响

用邓肯多重范围检验分析差异显著性，不含相同小写字母表示同一处理时间不同处理组间差异显著（P<0.05）。

在杨树次生物质与溴氰虫酰胺（4.08mg/L）的胁迫下，黄酮处理组在 6h、12h 和 24h 对 GSTs2 表达量的影响均表现为抑制效果，分别为对照的 59.85%、30.98%、74.33%，而 48h 表现出显著诱导作用，为对照的 33.02 倍。槲皮素处理组在 4 个时间点均表现为抑制效果，且在 24h 抑制效果显著，为对照的 27.09%。芦丁处理

组在 6h 和 48h 表现为诱导效果，在 12h 和 24h 则表现为抑制效果。溴氰虫酰胺对
GSTs2 主要表现为诱导效果，且 6h 的诱导效果最佳，为对照的 24.06 倍。3 种联
合处理下，6h 时均对 *GSTs2* 表现为诱导效果，联合处理 3 的诱导效果显著高于其
他处理组，为对照的 33.02 倍，但 12～24h 联合处理 1 和联合处理 2 均表现为抑
制效果且随时间增长抑制效果增强（图 4-9）。

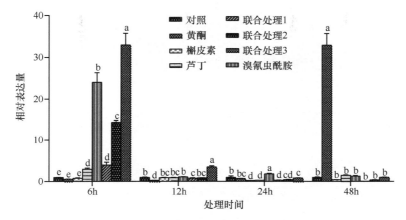

图 4-9　杨树次生物质和溴氰虫酰胺对舞毒蛾幼虫 *GSTs2* 基因表达的影响
用邓肯多重范围检验分析差异显著性，不含相同小写字母表示同一处理时间不同处理组间差异显著（$P<0.05$）。

在杨树次生物质与溴氰虫酰胺（4.08mg/L）的胁迫下，除芦丁处理组在 6h 时
表现为较小的抑制作用外，黄酮、槲皮素和芦丁胁迫对 *GSTz1* 均表现为诱导表达
上调。其中，槲皮素处理组在观测时间内的基因相对表达量高于其他次生物质单
独处理组，在 4 个时间点依次为对照组的 4.90 倍、7.10 倍、2.85 倍和 12.48 倍，
其中 12h、24h 和 48h 的表达量显著高于黄酮处理组和芦丁处理组（$P<0.05$）。溴
氰虫酰胺对 *GSTz1* 除在 12h 时表现为抑制效果外，24h 时表现为显著的诱导作用，
为对照组的 2.96 倍；在 6h 和 48h 的基因相对表达量为对照组的 1.19 倍和 1.33 倍。
3 种联合处理均表现为诱导作用，其中联合处理 1 在 12h 的基因相对表达量达到
峰值，为对照组的 3.81 倍，12～48h 的诱导效果逐渐降低；联合处理 2 在 12h 的
基因相对表达量最低，为对照组的 1.62 倍，并随时间延长诱导效果逐渐增强；联
合处理 3 的基因相对表达量在 6～24h 由是对照组的 1.64 倍上升至是对照组的 4.44
倍，在 48h 降低至是对照组的 1.83 倍（图 4-10）。

家蚕 *GSTe2* 基因在 3 种化学农药（辛硫磷、毒死蜱和甲氰菊酯）的酶活性测
定中显示出参与家蚕幼虫耐药性的形成（周磊，2015）；菜粉蝶的 *GSTs1* 在阿维菌
素、氯虫苯甲酰胺和高效氟氯氰菊酯 3 种化学农药的作用下表达量显著上升，显
示该基因参与外源化学农药的应答反应（王文龙，2018）。本研究表明，杨树次生
物质与溴氰虫酰胺单独或联合作用下诱导 *GSTe2*、*GSTs1*、*GSTs2* 和 *GSTz1* 参与外

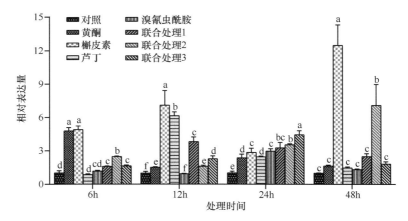

图 4-10　杨树次生物质和溴氰虫酰胺对舞毒蛾幼虫 *GSTz1* 基因表达的影响

用邓肯多重范围检验分析差异显著性，不含相同小写字母表示同一处理时间不同处理组间差异显著（*P*<0.05）。

源有毒物质的降解代谢。

4.2.3　甲萘威胁迫对舞毒蛾幼虫的毒力和对 *smHsp* 基因表达的影响

　　甲萘威对舞毒蛾 2 龄幼虫 24h 和 48h 的致死中浓度（LC_{50}）分别为 74.04mg/L 和 31.48mg/L，且随着作用时间的延长毒力作用越大，24h 和 48h 的甲萘威亚致死剂量 LC_5、LC_{10}、LC_{20} 和 LC_{30} 见表 4-2。后续采用 LC_5、LC_{10} 和 LC_{30} 处理的毒饵分别胁迫舞毒蛾 2 龄幼虫 48h，分析舞毒蛾 *DnaJ1* 对甲萘威的胁迫响应。

表 4-2　甲萘威对舞毒蛾 2 龄幼虫的毒力

处理时间/h	LC_5（95%置信区间）/（mg/L）	LC_{10}（95%置信区间）/（mg/L）	LC_{20}（95%置信区间）/（mg/L）	LC_{30}（95%置信区间）/（mg/L）	LC_{50}（95%置信区间）/（mg/L）	χ^2
24	24.23（11.55~35.88）	31.01（16.57~43.51）	41.81（25.53~55.20）	51.86（34.68~65.88）	74.04（56.35~90.14）	7.95
48	8.53（2.66~14.87）	11.38（4.18~18.49）	16.14（7.21~24.17）	20.76（10.63~29.47）	31.48（19.80~41.66）	8.75

注：$\chi^2 < \chi^2_{(13, 0.05)} = 22.36$，故毒力回归方程与实际相符。

　　目前，Leask 等（2021）研究证实昆虫 *smHsp* 在生长发育、生殖调节以及滞育和休眠中均发挥着重要作用，而关于 *smHsp* 在杀虫剂胁迫响应方面的研究甚少。本课题组从舞毒蛾转录本文库中获得舞毒蛾 *Hsp* 家族中 6 个 *smHsp* 基因（*Hsp17.0*、*Hsp18.7*、*Hsp19.1*、*Hsp20.3*、*Hsp21.4* 和 *Hsp21.3*）的全长 cDNA 序列，分析了亚致死剂量（LC_5、LC_{10} 和 LC_{30}）的甲萘威对舞毒蛾 2 龄幼虫 6 个 *smHsp* 基因表达量的影响（图 4-11）。亚致死剂量甲萘威对舞毒蛾 *smHsp* 表达量的影响结果分为两类：一类是 *Hsp20.3*、*Hsp19.1* 和 *Hsp17.0* 主要表现为诱导上调；另一类是 *Hsp21.4*、

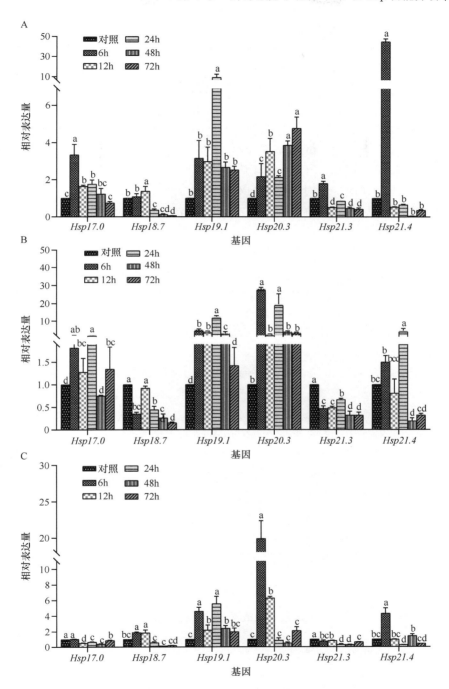

图 4-11　甲萘威胁迫对舞毒蛾 *smHsp* 基因表达量的影响（刘鹏等，2017）

A、B 和 C 分别表示亚致死剂量 LC₅ 处理组、LC₁₀ 处理组和 LC₃₀ 处理组 *smHsp* 基因的相对表达量。用邓肯多重范围检验分析差异显著性，各图不含相同小写字母表示同一基因不同处理时间之间差异显著（$P<0.05$）。

Hsp21.3 和 *Hsp18.7* 主要表现为抑制表达。

LC_5 甲萘威胁迫处理后，与对照相比，舞毒蛾 *Hsp20.3* 基因的表达量在 6～72h 均表现为显著上调，LC_5 胁迫诱导作用低于 LC_{10}，LC_{10} 胁迫 6h 时诱导作用最大，为对照组的 28.08 倍；LC_{30} 处理 24h 和 48h 时，*Hsp20.3* 的表达量分别下降为对照组的 84% 和 50%。与对照组相比，LC_5、LC_{10} 和 LC_{30} 甲萘威胁迫对舞毒蛾 *Hsp19.1* 的表达均表现为诱导作用，相对表达量为对照组的 1.42～12.46 倍，其中胁迫 24h 时相对表达量最高。LC_5 和 LC_{10} 甲萘威对 *Hsp17.0* 主要表现为诱导作用，LC_5 胁迫 6h 的相对表达量为对照组的 3.34 倍；LC_{30} 甲萘威在处理的 72h 内（6h 除外）主要表现为抑制作用，相对表达量为对照组的 39%～86%。

亚致死剂量甲萘威对舞毒蛾 *Hsp21.3* 和 *Hsp18.7* 的表达主要表现为显著的抑制作用。与对照组相比，LC_5、LC_{10} 和 LC_{30} 甲萘威处理 72h 内（LC_5 胁迫 6h 除外）均显著抑制了 *Hsp21.3* 的表达，相对表达量为对照组的 28%～86%，其中 LC_{30} 甲萘威胁迫 48h 抑制作用最大，抑制率为 72%。LC_5 甲萘威处理 24～72h 均显著抑制了 *Hsp18.7* 的表达，相对表达量为对照组的 13%～55%。对于 *Hsp21.4*，除 LC_5 和 LC_{30} 甲萘威胁迫 6h 表现为显著诱导作用外，随着作用时间的延长均表现为抑制作用，相对表达量为对照组的 5%～98%，其中 LC_5 甲萘威处理 48h 抑制作用最大，抑制率达 95%。

研究结果表明，舞毒蛾 2 龄幼虫受 3 个亚致死剂量的甲萘威胁迫后，其 *smHsp* 基因呈现不同的表达模式。甲萘威处理对舞毒蛾 *Hsp20.3* 和 *Hsp19.1* 主要表现出高的诱导表达效应，对 *Hsp17.0* 诱导效果较小，在高浓度（LC_{30}）甲萘威胁迫下主要表现为抑制作用。这些舞毒蛾 *smHsp* 基因的上调表达使得细胞内 smHsp 蛋白增多，进而及时与变性蛋白结合，形成稳定的复合体，防止不可逆的非特异性聚集，这可能为 DnaK/Hsp70 蛋白争取更多与变性蛋白结合的机会，进而增强害虫应对外界胁迫的能力。然而，舞毒蛾 *Hsp21.4*、*Hsp21.3* 和 *Hsp18.7* 对甲萘威胁迫的响应虽然在胁迫初期表现出一定的诱导作用，但主要表现为下调表达，这表明 3 个 *smHsp* 基因在低浓度甲萘威短时间胁迫下会作出迅速应激响应来保护自身免受损伤的能力，但随着甲萘威浓度的增加和时间的延长，胁迫压力增大而 *smHsp* 基因的作用效果减弱。

4.2.4　甲萘威胁迫对舞毒蛾 *DnaJ1* 基因表达的影响

通过对舞毒蛾幼虫转录组数据的分析，获得了舞毒蛾 *DnaJ* 基因（暂命名为 *DnaJ1*）的全长 cDNA 序列。舞毒蛾 2 龄幼虫受 3 个亚致死剂量 LC_5、LC_{10} 和 LC_{30} 甲萘威胁迫后，其 *DnaJ1* 基因的表达量在 72h 内均表现为下调（图 4-12）。LC_5 甲萘威处理 6h 时舞毒蛾 *DnaJ1* 基因抑制作用最小，表达量为对照的 63.47%。LC_{30}

甲萘威处理 72h 时舞毒蛾 *DnaJ1* 基因表达量最低，仅为对照的 15.70%，抑制作用显著高于其他处理时间（48h 除外）（图 4-12）。*DnaJ1* 基因表达的抑制可能导致细胞内 DnaJ 蛋白减少，进而影响对 Hsp70 的 ATPase 活性的调节，无法正常协作 Hsp70 在逆境下防止蛋白质聚集变性和促进聚集蛋白的溶解复性，无法保护生物膜的结构和功能（Boston et al.，1996），这将可能有效干扰害虫的生理功能，并降低害虫应对外界胁迫时的蛋白修复能力。因此，进一步明确 *DnaJ* 的作用机制对于通过基因工程手段干预这类基因的表达，从而达到控制害虫的目的具有重要的意义。

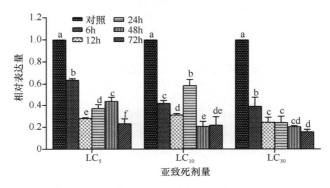

图 4-12　甲萘威胁迫对舞毒蛾 *DnaJ1* 基因表达量的影响（问荣荣等，2016）
用邓肯多重范围检验分析差异显著性，不含相同小写字母表示同一甲萘威浓度不同处理时间之间差异显著（$P<$ 0.05）。

4.2.5　甲萘威对舞毒蛾 *Hsp23-like* 基因表达的影响

3 个 48h 亚致死浓度 LC_5（8.53mg/L）、LC_{10}（11.38mg/L）和 LC_{30}（20.76mg/L）甲萘威处理舞毒蛾 2 龄幼虫 6h、12h、24h、48h 和 72h 后，*Hsp23-like* 基因的相对表达量如图 4-13 所示。用 LC_5 和 LC_{10} 的甲萘威处理舞毒蛾 2 龄幼虫均能在 6h、12h、24h 诱导 *Hsp23-like* 基因表达上调，且诱导趋势相似，在 48h 和 72h *Hsp23-like* 基因的相对表达量显著低于前 3 个处理时间点，只有 LC_5 甲萘威处理 48h 时，*Hsp23-like* 基因表达较对照组显著下调，相对表达量为对照组的 7.0%，抑制作用显著高于其他处理组（$P<0.05$）。LC_{30} 甲萘威处理舞毒蛾 2 龄幼虫 6h 时 *Hsp23-like* 基因相对表达量最高，为对照的 19.8 倍，随着作用时间的推移，*Hsp23-like* 基因的相对表达量呈逐渐减小的趋势，虽然在 24h 和 48h 时 *Hsp23-like* 基因表达量仍高于对照组，但与对照组已无显著差异。

3 个亚致死浓度甲萘威处理舞毒蛾 2 龄幼虫后，舞毒蛾 *Hsp23-like* 基因的相对表达量呈先诱导后抑制的趋势，即 6h、12h 和 24h 时均表现为诱导上调，在 48h 和 72h 相对表达量恢复到正常水平，并且在 LC_{30} 甲萘威处理 6h 条件下 *Hsp23-like*

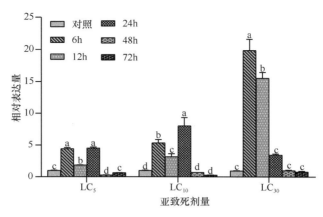

图 4-13　甲萘威胁迫下舞毒蛾 *Hsp23-like* 基因的相对表达量（问荣荣，2015）
不同小写字母表示同一甲萘威浓度不同处理时间之间差异显著（$P<0.05$）。

基因相对表达量最高。*Hsp23-like* 基因的上调表达使得细胞内 smHsp 蛋白增多，进而及时与变性蛋白结合，形成稳定的复合体，从而防止不可逆的非特异性聚集，这可为 DnaK/Hsp70 蛋白争取更多与变性蛋白结合的机会，进而增强害虫应对外界胁迫时产生的蛋白修复能力。因此，*Hsp23-like* 基因可能在舞毒蛾应对甲酸酯类杀虫剂甲萘威介导的外源异型物质胁迫中具有重要的保护功能。

4.3　舞毒蛾 GST 家族基因响应次生物质胁迫功能分析

植物和食草动物的长期共同进化形成了相互适应的防御机制（秦秋菊和高希武，2005；陈澄宇等，2015），植物抵御草食性昆虫的一个重要防御策略是改变次生代谢产物的含量。GST 是一种具有多种生理功能的蛋白质家族，主要存在于细胞质内。昆虫通过改变其自身解毒酶如 GST 等的活性来代谢这些次生代谢产物，从而耐受寄主植物中的有毒次生代谢产物，对这些寄主植物化合物产生抗性（Chen and Zhang，2015）。本节将针对舞毒蛾 *GST* 家族基因响应次生物质胁迫功能进行介绍和分析。

RNAi 是将 dsRNA 导入机体后，诱发同源 mRNA 高效特异性降解，使同源序列特异性沉默的现象（刘吉升等，2016）。RNAi 技术作为一种有效的基因沉默技术，现已经在多种生物中应用（Fire et al.，1998；Hannon，2002）。目前，对昆虫解毒酶基因功能的研究方法主要有显微注射法、饲喂法、病毒介导法和转基因植物介导法（王聪等，2018）。显微注射法能将精确剂量的 dsRNA 直接运送到昆虫靶标部位，且干扰效果显著（刘吉升等，2016）。

4.3.1　RNA 沉默效率检测

在舞毒蛾 3 龄幼虫体内注射 1μg 候选基因的 dsRNA（1μg/μl）后，于不同处理时间后挑取活泼的 3 龄幼虫，采用 qRT-PCR 测定 mRNA 的表达水平，用以检测 RNAi 基因的沉默效率。经 RNAi 处理 24h，ds*GSTe2* 处理组、ds*GSTs1* 处理组和 ds*GSTz1* 处理组较对照组 ds*GFP* 依次降低 16.45%、4.24% 和 21.22%，其中 ds*GSTe2* 处理组沉默效率显著；处理 48h，ds*GSTe1* 处理组和 ds*GSTo1* 处理组的相对表达量比对照组分别降低了 46.18% 和 79.87%，沉默效率均极显著（$P < 0.01$），ds*GSTs1*、ds*GSTs2* 和 ds*GSTz1* 基因相对表达量分别比对照组降低了 25.00%、42.92% 和 32.71%（$P < 0.05$）；处理 72h，ds*GSTe2* 处理组、ds*GSTs1* 处理组和 ds*GSTz1* 处理组较对照组分别降低了 57.96%、3.44%、18.58%，其中 ds*GSTe2* 处理组沉默效率极显著（$P < 0.01$）（图 4-14）。以上结果表明，通过在舞毒蛾体内注射目的基因的 dsRNA 可有效沉默靶基因。

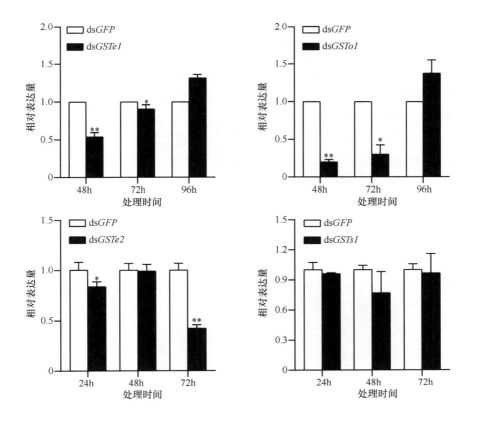

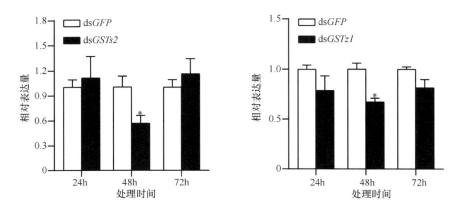

图 4-14　RNAi 处理后各基因沉默效率检测

采用独立样本 t 检验，与同一时间对照组相比，*表示差异显著（$P < 0.05$）；**表示差异极显著（$P < 0.01$）。

4.3.2 *GST* 基因沉默对舞毒蛾幼虫生长发育的影响

4.3.2.1 *GST* 基因沉默对舞毒蛾幼虫体重增长的影响

为了研究基因沉默对舞毒蛾幼虫体重的影响，将舞毒蛾幼虫注射相应 dsRNA 后饲喂正常人工饲料，记录舞毒蛾幼虫 7d 的体重变化（图 4-15，表 4-3）。对照组舞毒蛾体重整体略高于注射 ds*GSTe1* 处理组和 ds*GSTo1* 处理组，但处理组与对照组之间差异不显著（图 4-15）。

为了研究目的基因沉默对舞毒蛾幼虫生长发育的影响，以注射 ds*GFP* 作为对照，将目的基因 dsRNA 注射至舞毒蛾 3 龄幼虫体内后饲喂正常人工饲料，记录舞毒蛾幼虫 72h 的体重变化（表 4-4）。对照组舞毒蛾体重均高于注射目的基因 dsRNA 处理组，且注射 dsRNA 的舞毒蛾 3 龄幼虫体重增长量差异较大。处理 72h，对照

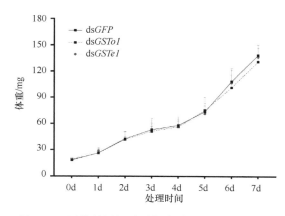

图 4-15　目的基因沉默对舞毒蛾幼虫体重的影响

表 4-3　目的基因沉默对舞毒蛾幼虫体重增长的影响

处理时间/d	ds*GFP* 处理组	ds*GSTe1* 处理组	ds*GSTo1* 处理组
1	a	a	a
2	a	a	a
3	a	a	a
4	a	a	a
5	a	a	a
6	a	a	a
7	a	a	a

注：该表为图 4-15 目的基因沉默对舞毒蛾幼虫体重影响的差异显著情况。同行小写字母相同表示不同处理组间差异不显著（$P \geqslant 0.05$）。

表 4-4　舞毒蛾 3 龄幼虫 *GST* 基因沉默对体重增长的影响

处理组	体重/mg			
	处理 0h	处理 24h	处理 48h	处理 72h
ds*GFP*	18.90±0.29a	102.50±6.29a	194.40±8.43a	258.23±4.64a
ds*GSTe2*	18.90±0.29a	60.60±6.78c	71.40±3.70d	77.03±3.58d
ds*GSTs1*	18.90±0.29a	83.50±4.73b	105.40±3.55c	124.43±3.59c
ds*GSTs2*	18.90±0.29a	87.40±1.15b	109.60±2.31c	122.53±4.50c
ds*GSTz1*	18.90±0.29a	86.50±2.18b	143.30±6.87b	185.10±6.30b

注：表中数据为平均值±标准误。用邓肯多重范围检验分析差异显著性，同列不同小写字母表示同一处理时间不同处理组间差异显著（$P < 0.05$）。

组体重显著高于注射目的基因 dsRNA 处理组，各处理组的体重由大到小的顺序为 *GFP* 处理组＞*GSTz1* 处理组＞*GSTs1* 处理组≈*GSTs2* 处理组＞*GSTe2* 处理组，其中 ds*GSTz1* 处理组体重为对照组的 71.68%；ds*GSTs1* 处理组和 ds*GSTs2* 处理组体重分别为对照组的 48.19% 和 47.45%，两处理组体重在不同时间点均无显著差异；ds*GSTe2* 处理组体重为对照组的 29.83%。注射 ds*GSTe2* 的舞毒蛾 3 龄幼虫的体重为处理组中最低的（处理 0h 除外），该处理组从 12h 开始体重增长趋缓，36～72h 每 12h 体重增长均低于 3.6mg。

4.3.2.2　*GST* 基因沉默对舞毒蛾幼虫存活率的影响

为了研究基因沉默对舞毒蛾 3 龄幼虫存活率的影响，以注射 ds*GFP* 为对照，记录注射 ds*GFP*、ds*GSTe1*、ds*GSTo4* 和 ds*GSTo1* 的舞毒蛾幼虫饲喂 7d 的存活率（图 4-16）。注射 ds*GFP*、ds*GSTe1* 和 ds*GSTo1* 后，对照组存活率为 96%，ds*GSTe1* 处理组和 ds*GSTo1* 处理组存活率为 93%～96%，注射后的幼虫死亡率均低于 10%。注射 ds*GSTo4* 后舞毒蛾幼虫存活率为 96%。

以注射 ds*GFP* 为对照，记录注射 ds*GSTe2*、ds*GSTs1*、ds*GSTs2* 和 ds*GSTz1* 和

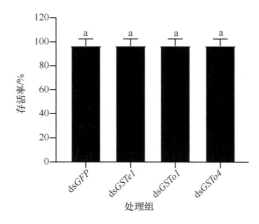

图 4-16　*GST* 基因沉默对舞毒蛾幼虫存活率的影响（7d）

用邓肯多重范围检验分析差异显著性，小写字母相同表示不同处理组间差异不显著（$P \geqslant 0.05$）。

ds*GFP* 后，舞毒蛾幼虫饲喂 5d 的存活率（图 4-17）。注射目的基因 *GSTe2*、*GSTs1*、*GSTs2* 和 *GSTz1* 的 dsRNA 后，舞毒蛾幼虫存活率均在 90.00% 以上，其中 ds*GSTe2* 处理组存活率最低。注射目的基因 dsRNA 的处理组与注射 ds*GFP* 的对照组无显著差异。这表明所选的 *GST* 基因的表达量降低对舞毒蛾幼虫存活率无明显影响。以上结果均表明，对所选 *GST* 基因进行 RNAi 处理后，舞毒蛾幼虫存活率没有受到显著影响。

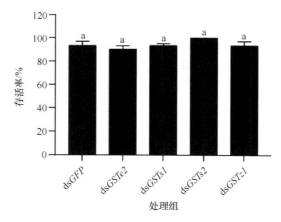

图 4-17　*GST* 基因沉默对舞毒蛾幼虫存活率的影响（5d）

用邓肯多重范围检验分析差异显著性，小写字母相同表示各处理组间差异不显著（$P \geqslant 0.05$）。

4.3.2.3　*GST* 基因沉默对舞毒蛾幼虫营养利用的影响

根据杨树次生物质对舞毒蛾 3 龄幼虫中 *GST* 基因表达水平的影响，选择 *GSTe1* 和 *GSTo1* 进行 RNAi。微量注射 ds*GFP*、ds*GSTo1* 和 ds*GSTe1* 后的舞毒蛾 3 龄幼

虫营养利用指标见表 4-5。以注射 dsGFP 为对照，对照组的相对生长率为
153.65%，高于注射 dsGSTe1 和 dsGSTo1 的处理组，其中 dsGSTo1 处理组的相
对生长率最低，比对照组减少了 5.58%，但差异不显著。注射 dsGSTo1 的处理
组表现出最高的食物转化率，较对照组增加了 6.76%；近似消化率最低，为
68.58%。

表 4-5　GST 基因沉默对舞毒蛾 3 龄幼虫营养利用指标的影响

处理组	相对生长率/%	相对取食量/%	食物利用率/%	食物转化率/%	近似消化率/%
dsGFP	153.65±3.22a	6.85±1.12a	22.81±3.19a	31.51±4.17a	72.37±3.21a
dsGSTo1	148.07±7.76a	5.71±0.49a	26.13±3.04a	38.27±5.89a	68.58±3.00a
dsGSTe1	151.26±3.57a	6.15±1.20a	25.14±3.91a	36.19±8.31a	70.66±9.24a

注：表中数据为平均值±标准误。用邓肯多重范围检验分析差异显著性，同列小写字母相同表示不同处理间差异不显著（$P \geqslant 0.05$）。

注射 dsGFP、dsGSTe2、dsGSTs1、dsGSTs2 和 dsGSTz1 后的舞毒蛾 3 龄幼虫
营养利用指标见表 4-6。以注射 dsGFP 为对照，dsGSTe2 处理组、dsGSTs1 处理组
和 dsGSTs2 处理组相对生长率、相对取食量、食物利用率和食物转化率分别为对
照组的 53.67%～63.32%、59.33%～81.28%、77.41%～90.19% 和 77.41%～86.13%，
均显著低于对照组。各处理组相对生长率从大到小的顺序为 dsGFP 处理组＞
dsGSTz1 处理组＞dsGSTs2 处理组＞dsGSTs1 处理组＞dsGSTe2 处理组。dsGSTe2 处
理组相对取食量也最低，仅为 184.69%；近似消化率最高，比对照组高 5.67%。
dsGSTs1 处理组和 dsGSTs2 处理组相对取食量均显著低于对照组。dsGSTs1 处理组
食物利用率和食物转化率均最低，分别为 28.89% 和 31.70%。dsGSTz1 处理组相对
生长率、相对取食量、食物利用率和近似消化率依次为对照组的 73.94%、82.08%、
90.46% 和 76.98%，显著低于对照组。Mao 等（2011）构建表达靶向 P450 基因

表 4-6　GST 基因沉默对舞毒蛾 3 龄幼虫营养利用指标的影响

处理组	相对生长率/%	相对取食量/%	食物利用率/%	食物转化率/%	近似消化率/%
dsGFP	115.54±6.61a	311.30±17.26a	37.32±4.05a	40.95±5.74a	77.77±4.65a
dsGSTe2	62.01±4.15e	184.69±9.63d	33.66±2.82b	35.27±3.26b	83.44±0.71a
dsGSTs1	72.99±3.53d	253.02±11.98c	28.89±1.51c	31.70±0.82c	68.52±11.57ab
dsGSTs2	73.16±2.40d	242.42±25.67c	30.41±2.23bc	32.79±3.17c	77.26±5.51a
dsGSTz1	85.43±2.16c	255.52±21.62c	33.76±3.83b	39.23±5.48a	59.87±4.74b

注：表中数据为平均值±标准误。用邓肯多重范围检验分析差异显著性，同列不含相同小写字母表示不同处理组间差异显著（$P < 0.05$）。

ds*CYP6AE14* 的烟草（*Nicotiana tabacum*）和拟南芥（*Arabidopsis thaliana*）饲喂棉铃虫，检测到目的基因表达量降低并出现棉铃虫生长缓慢的情况。Hui 等（2011）构建表达 ds*CYP6AE14* 的棉花饲喂棉铃虫，再次证实 *CYP6AE14* 沉默后棉铃虫幼虫的正常生长发育被抑制。因此推断，本研究所选择的 *GST* 基因影响了舞毒蛾幼虫的正常生长发育，并通过抑制取食和消化过程使舞毒蛾幼虫体重降低。

4.3.3 *GST* 基因沉默舞毒蛾对杨树次生物质响应分析

4.3.3.1 杨树次生物质胁迫 *GST* 基因沉默对舞毒蛾幼虫体重的影响

为了研究解毒酶基因对杨树次生物质胁迫的响应，本研究利用 RNAi 技术分别沉默 *GSTe1* 和 *GSTo1* 基因，并饲喂含水杨苷（0.7%）、芦丁（0.5%）或联合处理 2（水杨苷、咖啡酸和邻苯二酚）的人工饲料以检测舞毒蛾 3 龄幼虫抗杨树次生物质的能力。在 *GSTe1* 和 *GSTo1* 基因沉默效率最大的时间点分别对应记录舞毒蛾 3 龄幼虫体重增长的情况。结果发现，*GSTe1* 基因被沉默后，经芦丁胁迫的幼虫与对照组相比体重降低了 19.96mg，差异极显著（$P<0.01$）。有效沉默 *GSTo1* 基因后，经含水杨苷的人工饲料饲喂后的舞毒蛾 3 龄幼虫表现出体重显著降低（$P<0.05$），比对照组下降了 30.73%（图 4-18）。*GSTe1* 和 *GSTo1* 基因均在 48h 时有最大的沉默效果，*GSTo1* 基因沉默体添加联合处理 2 的人工饲料饲喂后，与对照组 48h 时幼虫体重存在显著差异（$P<0.05$），而 *GSTe1* 沉默体添加联合处理 2 的人工饲料饲喂后，与对照组 48h 时幼虫体重无显著差异。

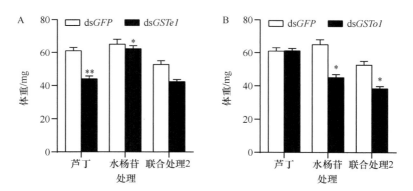

图 4-18　杨树次生物质对沉默 *GST* 基因的舞毒蛾 3 龄幼虫体重变化的影响
A. 沉默 *GSTe1* 基因；B. 沉默 *GSTo1* 基因。采用独立样本 *t* 检验，*表示差异显著（$P<0.05$）；**表示差异极显著（$P<0.01$）。

舞毒蛾 *GSTe1* 和 *GSTo1* 基因沉默体经添加水杨苷人工饲喂 120h 后（图 4-19），与注射 ds*GFP* 的对照组相比，体重下降 8.74%～20.20%，产生显著/极显著差异。

注射 ds*GSTe1* 120h 后，联合处理 2（水杨苷、咖啡酸和邻苯二酚）的沉默体体重下降了 15.45mg，与对照组相比差异显著（$P<0.05$）。*GSTe1* 的基因沉默体在饲喂含芦丁的人工饲料后体重下降最多。

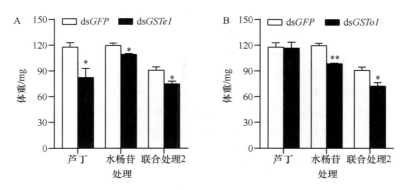

图 4-19　*GST* 基因沉默对舞毒蛾 3 龄幼虫响应杨树次生物质处理 120h 的体重变化

A. 沉默 *GSTe1* 基因；B. 沉默 *GSTo1* 基因。采用独立样本 *t* 检验，*表示差异显著（$P<0.05$）；**表示差异极显著（$P<0.01$）。

为鉴定 *GSTe2*、*GSTs1*、*GSTs2* 和 *GSTz1* 基因是否参与舞毒蛾对次生物质的响应，本研究使用含有次生物质黄酮和槲皮素的人工饲料分别饲喂注射 *GST* 家族 dsRNA 或 ds*GFP* 的舞毒蛾 3 龄幼虫。对照组人工饲料中加入等量 DMSO 溶剂。注射 ds*GSTe2*、ds*GSTs1*、ds*GSTs2* 和 ds*GSTz1* 72h 内舞毒蛾体重变化如图 4-20 所示。结果显示，取食含黄酮（0.8%）或槲皮素（0.02%）的饲料后，注射 ds*GFP* 的对照组与注射目的基因 dsRNA 的处理组体重均呈现下降趋势。取食含黄酮的饲料后，注射 ds*GSTs1*、ds*GSTs2* 和 ds*GSTz1* 的处理组在沉默效率最高的 48h 体重均低于注射 ds*GFP* 的对照组（20.92mg），分别比对照组减少 2.93mg、2.62mg 和 1.58mg。同时，取食含槲皮素的饲料 48h 后，对照组体重为 21.34mg；注射 ds*GSTs1*、

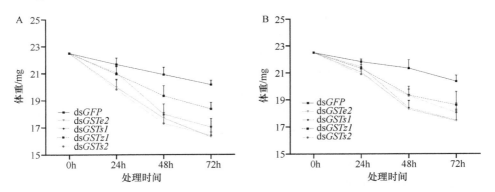

图 4-20　*GST* 基因沉默对舞毒蛾 3 龄幼虫响应黄酮（A）和槲皮素（B）胁迫的体重变化（齐琪等，2021）

dsGSTs2 和 dsGSTz1 处理组体重均低于对照组，依次比对照组减少 1.84mg、2.05mg 和 2.01mg。

　　黄酮胁迫 72h，dsGSTe2 处理组、dsGSTs1 处理组、dsGSTs2 处理组和 dsGSTz1 处理组与对照组相比，体重分别下降 3.87mg、3.13mg、3.76mg 和 1.80mg，均存在显著差异（$P<0.05$）（图 4-21）。槲皮素胁迫 72h，注射 dsGSTe2、dsGSTs1、dsGSTs2 和 dsGSTz1 处理组的体重均显著低于对照组（$P<0.05$），分别比对照组少 2.92mg、2.87mg、2.31mg 和 1.75mg。在 4 个处理组中，黄酮胁迫和槲皮素胁迫均为 dsGSTe2 处理组舞毒蛾幼虫体重最低，分别为 dsGFP 对照组体重的 80.83% 和 85.65%（$P<0.05$）；黄酮胁迫和槲皮素胁迫均为 dsGSTz1 处理组舞毒蛾幼虫体重最高，分别为 dsGFP 对照组体重的 93.57% 和 92.62%（$P<0.05$）。

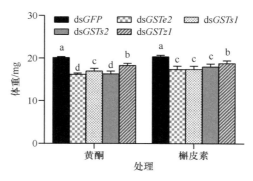

图 4-21　杨树次生物质处理 72h 对 GST 基因沉默舞毒蛾幼虫体重的影响

用邓肯多重范围检验分析差异显著性，不同小写字母表示同一胁迫下不同处理组间差异显著（$P<0.05$）。

　　使用 RNAi 技术沉默舞毒蛾 GSTe4 和 GSTo1 后，喂食水杨苷（0.7%）、芦丁（0.5%）或联合处理 2（水杨苷、咖啡酸和邻苯二酚）检测舞毒蛾 3 龄幼虫的耐药性。在 GSTe4 和 GSTo1 基因沉默效率最高的 48h 时间点记录舞毒蛾 3 龄幼虫的体重。在 GSTo1 被有效沉默后，水杨苷胁迫下的舞毒蛾 3 龄幼虫的体重极显著下降（$P<0.01$），较注射 dsGFP 的对照组低 30.73%。在 GSTe4 被有效沉默后，芦丁胁迫下舞毒蛾 3 龄幼虫的体重极显著降低（$P<0.01$），减少了 16.27mg。GSTe4 和 GSTo1 基因沉默的舞毒蛾 3 龄幼虫在饲喂添加联合处理 2 的人工饲料后的体重分别为 42.36mg 和 38.53mg。与微量注射 dsGFP 的对照组幼虫相比，人工饲喂水杨苷 120h 后，GSTe4 和 GSTo1 沉默的舞毒蛾 3 龄幼虫体重分别下降 8.74% 和 17.56%（$P<0.01$）。GSTe4 沉默的舞毒蛾 3 龄幼虫在喂食含有芦丁的人工饲料沉默 120h 后体重降低最多（图 4-22）。

4.3.3.2　杨树次生物质胁迫 GST 基因沉默对舞毒蛾幼虫存活率的影响

　　舞毒蛾幼虫经 GSTe1 和 GSTo1 基因沉默的不同处理后，分别取食含水杨苷

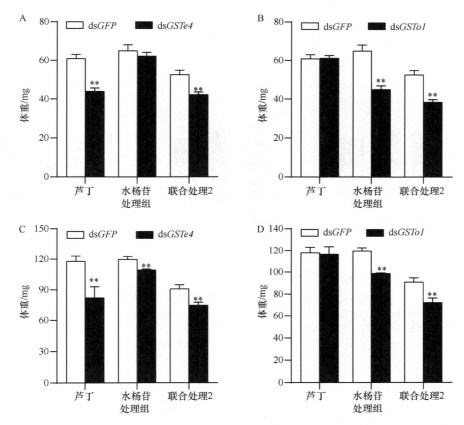

图 4-22　*GST* 基因沉默对舞毒蛾 3 龄幼虫响应杨树次生物质胁迫 48h、120h 的体重变化

A、B. 处理 48h 时记录的体重；C、D. 处理 120h 时记录的体重。采用独立样本 *t* 检验，*表示同一处理时间同一次生物质处理下对照组与处理组差异显著（$P<0.05$）；**表示同一处理时间同一次生物质处理下对照组与处理组差异极显著（$P<0.01$）。

（0.7%）、芦丁（0.5%）、联合处理 2（水杨苷、咖啡酸和邻苯二酚）的人工饲料 7d，存活率情况如图 4-23 所示。经芦丁饲喂后，对照组无幼虫死亡，ds*GSTe1* 处理组的存活率为 96.67%，与对照组差异不显著。取食添加水杨苷的人工饲料后，对照组幼虫存活率为 100%，ds*GSTe1* 处理组的幼虫存活率为 93.33%，与对照组差异不显著。

　　利用 RNAi 技术分别沉默舞毒蛾 *GSTe2*、*GSTs1*、*GSTs2* 和 *GSTz1* 基因并饲喂含黄酮（0.8%）和槲皮素（0.02%）的饲料，检测对舞毒蛾生理指标的影响。舞毒蛾幼虫经 ds*GFP*、ds*GSTe2*、ds*GSTs1*、ds*GSTs2* 和 ds*GSTz1* 沉默处理后，分别取食含黄酮与含槲皮素的人工饲料 3d，存活率情况如图 4-24 所示。经黄酮饲喂后，对照组存活率最高，显著高于注射目的基因 dsRNA 的处理组（$P<0.05$）。在注射目的基因 dsRNA 的处理组中，存活率最低的处理组为 ds*GSTs2* 处理组，仅为

56.67%。取食含槲皮素的人工饲料后，对照组幼虫存活率为95%，舞毒蛾沉默体的存活率为62.86%～83.33%，显著高于注射目的基因dsRNA的处理组（$P<0.05$）。注射目的基因dsRNA处理组中，注射dsGSTs2的处理组存活率为83.33%，显著高于其他处理组。注射dsGSTs1的处理组的存活率最低，为62.86%。

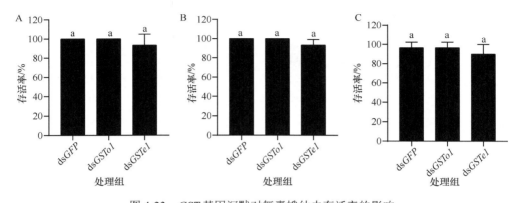

图4-23　GST基因沉默对舞毒蛾幼虫存活率的影响

A、B和C分别表示舞毒蛾幼虫取食含水杨苷（0.7%）、芦丁（0.5%）、联合处理2（水杨苷、咖啡酸和邻苯二酚）的人工饲料7d后的存活率。用邓肯多重范围检验分析差异显著性，各图小写字母相同表示取食含同一种杨树次生物质饲料的不同沉默处理组间差异不显著（$P\geqslant0.05$）。

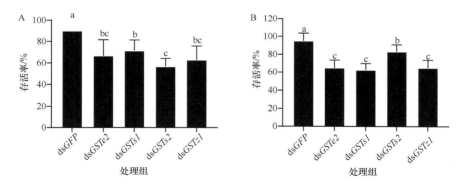

图4-24　杨树次生物质胁迫对GST基因沉默舞毒蛾幼虫存活率的影响

A、B分别为黄酮和槲皮素处理下舞毒蛾幼虫的存活率。用邓肯多重范围检验分析差异显著性，各图不含相同小写字母表示不同处理组间差异显著（$P<0.05$）。

与对照组相比，注射dsGSTe2和dsGSTs1的舞毒蛾幼虫饲喂黄酮后存活率分别为dsGFP对照组的66.67%和71.43%，饲喂槲皮素的存活率更低，分别为dsGFP对照组的65.00%和62.85%；注射dsGSTs2和dsGSTz1的舞毒蛾幼虫饲喂黄酮后，存活率分别为dsGFP对照组的62.97%和69.84%；饲喂槲皮素的存活率分别为dsGFP对照组的83.33%和65.00%，差异显著/极显著（图4-25）。王振越（2020）研究报道舞毒蛾经次生物质处理后，GST基因可被诱导升高或抑制表达，而本章试验结果显示，沉默目的基因后的舞毒蛾在次生物质黄酮和槲皮素胁迫下，存活率和体重均显著/极显著降低。因此，解毒酶相关的目的基因被沉默后，无法有效参与外源次生物质的应答，降低了昆虫的解毒能力，导致昆虫死亡率升高。

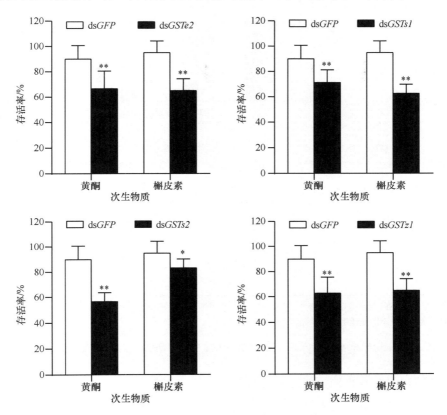

图 4-25　杨树不同次生物质对 *GST* 基因沉默舞毒蛾幼虫存活率的影响

采用独立样本 *t* 检验，*表示同一杨树次生物质胁迫下对照组与处理组间差异显著（*P* < 0.05）；**表示同一杨树次生物质胁迫下对照组与处理组间差异极显著（*P* < 0.01）。

对舞毒蛾 *GSTe4* 和 *GSTo1* 基因进行沉默后，分别用含水杨苷（0.7%）、芦丁（0.5%）和联合处理 2（水杨苷、咖啡酸和邻苯二酚）的人工饲料喂养舞毒蛾 3 龄幼虫 7d，对照组的存活率均为 100%，ds*GSTe4* 处理组的存活率均为 93.33%，两者差异不显著（图 4-26）。

4.3.3.3　杨树次生物质胁迫 *GST* 基因沉默对舞毒蛾幼虫历期的影响

对舞毒蛾 3 龄幼虫分别注射 *GSTe1* 和 *GSTo1* 基因的 dsRNA 后，在添加水杨苷（0.7%）的人工饲料后，3 龄幼虫发育至 4 龄幼虫的时间均为 5.13d，与对照组 5.03d 相比略有延长，但没有显著差异（表 4-7）。注射 *GSTe1* 基因的 dsRNA 在芦丁（0.5%）胁迫下的发育时间比对照组长 13.32%，且存在显著差异（$P<0.05$）。

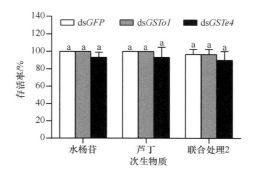

图 4-26　杨树次生物质胁迫对 *GST* 基因沉默舞毒蛾幼虫存活率的影响

用邓肯多重范围检验分析差异显著性，不同小写字母表示同一次生物质不同处理组间差异显著（$P<0.05$）。

表 4-7　杨树次生物质处理对 *GST* 基因沉默舞毒蛾 3 龄幼虫发育历期的影响

处理组	3 龄幼虫发育至 4 龄幼虫的时间/d		
	水杨苷	芦丁	联合处理 2
ds*GFP*	5.03±0.15a	4.88±0.07b	5.35±0.25b
ds*GSTe1*	5.13±0.25a	5.53±0.39a	5.65±0.08ab
ds*GSTo1*	5.13±0.15a	4.90±0.20b	5.33±0.35b

注：采用 SPSS 软件进行单因素方差分析和邓肯多重范围检验进行差异显著性分析，同列不含相同小写字母表示同一次生物质不同处理组间差异显著（$P<0.05$）。

4.3.3.4　杨树次生物质胁迫 *GST* 基因沉默对舞毒蛾幼虫营养利用的影响

食物利用率和食物转化率可以反映昆虫对食物的适应性，用以评价昆虫对所取食食物的行为变化及生理反应。本研究综合体重、存活率和龄期的研究结果，选取目的基因进行干扰，进一步探索杨树次生物质对舞毒蛾营养效应的影响。

注射 ds*GSTe1* 后，经水杨苷（0.7%）饲喂 48h，舞毒蛾 3 龄幼虫的营养利用指标见表 4-8。与 ds*GFP* 对照组相比，注射 ds*GSTe1* 的处理组舞毒蛾 3 龄幼虫的相对生长率降低了 16.43%。注射 ds*GSTe1* 的处理组近似消化率较低，为 85.01%。经添加芦丁（0.5%）的人工饲料饲喂后，注射 *GSTe1* 基因的 dsRNA 幼虫表现出低的相对生长率、食物利用率和食物转化率，分别比对照组低 7.14%、1.49% 和

表 4-8　水杨苷对 *GST* 基因沉默舞毒蛾 3 龄幼虫营养利用指标的影响

处理组	相对生长率/%	相对取食量/%	食物利用率/%	食物转化率/%	近似消化率/%
ds*GFP*	141.5±20.33a	13.91±3.94a	10.94±4.55a	12.43±5.60a	88.92±3.15a
ds*GSTe1*	118.25±26.6a	11.87±2.70a	10.69±4.78a	12.68±5.84a	85.01±3.97a

注：表中数据为平均值±标准误。用邓肯多重范围检验分析差异显著性，同列小写字母相同表示不同处理组间差异不显著（$P\geqslant0.05$）。

2.66%（表 4-9），而相对取食量和近似消化率却分别比对照组高 0.14% 和 1.63%。

表 4-9　芦丁对 *GST* 基因沉默舞毒蛾 3 龄幼虫营养利用指标的影响

处理组	相对生长率/%	相对取食量/%	食物利用率/%	食物转化率/%	近似消化率/%
ds*GFP*	128.14±4.46a	10.02±3.71a	14.35±6.32a	18.39±10.25a	81.10±8.27a
ds*GSTe1*	121.00±13.87a	10.16±3.10a	12.86±4.75a	15.73±6.41a	82.73±3.79a

注：表中数据为平均值±标准误。用邓肯多重范围检验分析差异显著性，同列小写字母相同表示不同处理组间差异不显著（$P \geqslant 0.05$）。

4.4　舞毒蛾 *Hsp* 家族基因响应杀虫剂胁迫功能分析

当细胞或生物体遭到一定时间的亚致死温度（高于其正常生长温度 8～12℃）胁迫时，生物体会自发启动自我保护机制——热激反应（heat shock response，HSR）。最初的热激反应现象是 1962 年 Rittossa 在研究果蝇唾液腺时发现的，当果蝇唾液腺受到短暂的热激时，其多线染色体发生膨突现象，推测与该区基因转录发生变化有关，后证实，在受到热激后果蝇组织中产生了一类新的蛋白——热激蛋白（Hsp）。Hsp 最初被认为是生物体应答温度升高而表达的蛋白，但后来发现 Hsp 不仅参与一系列生理过程，包括胚胎发育、昆虫滞育及形态发生等，而且在生物体应对乙醇、砷、重金属等胁迫因子时具有重要的分子伴侣功能（Hendrick and Hartl，1993），因此 Hsp 又称为应激蛋白质（stress protein）。

热激蛋白主要参与生物体内新生肽的运输、折叠、组装、定位以及变性蛋白质的复性和降解，广泛存在于自然界原核细胞与真核细胞中，在生物体内具有多种复杂的功能。热激蛋白能够增强细胞内蛋白质对外界逆境压力的抗逆性，这种保护功能受到研究者的高度关注。热激蛋白研究已从最初的果蝇延伸到医学上的抗肿瘤和抑制人类疾病的研究以及农林上对植物和昆虫抗逆境相关的研究中。

4.4.1　*Hsp23-like* 沉默效率分析

通过微量注射法将一定量 *GFP* 和 *Hsp23-like* 的 dsRNA 导入舞毒蛾 3 龄幼虫活体内，正常饲喂 8d，观察幼虫体内基因沉默情况及该基因沉默对舞毒蛾 3 龄幼虫基因表达量、生长发育、体重、营养利用 4 个方面表型的影响。采用 qRT-PCR 分析 RNAi 对舞毒蛾 3 龄幼虫基因表达的沉默效果如图 4-27 所示。结果显示，以 ddH$_2$O 处理组为对照，在分别注射 *GFP* 和 *Hsp23-like* 的 dsRNA 6h 时，基因的相对表达量均显著下降，分别为对照组的 32% 和 12%。处理 24h 时，ds*Hsp23-like* 处理组沉默效果消除，反而诱导 *Hsp23-like* 基因相对表达量增加，基因相对表达量是对照组的 2.76 倍，ds*GFP* 处理组基因的相对表达量为对照组的 52%。处理 48h 时，基因相对表达情况与处理 24h 时类似，只是 ds*Hsp23-like* 处理组基因的相对表达量下降了一半，为对照组的 1.38 倍；而 ds*GFP* 处理组基因的相对表达量有所上升，从对照组的 52%上升到 80%。处理 96h 时，ds*GFP* 处理组和 ds*Hsp23-like* 处理组均诱导基因的表达，分别为对照组的 6.38 倍和 3.79 倍。在 ds*GFP* 和 ds*Hsp23-like* 处理 144h 时，基因的表达大幅下降，相对表达量分别为对照组的 96% 和 71%，*Hsp23-like* 基因的表达总体上呈先下调再上调再下调的变化趋势。

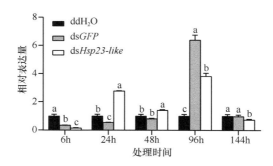

图 4-27　RNAi 对舞毒蛾目的基因相对表达量的影响

用邓肯多重范围检验分析差异显著性，不同小写字母表示同一处理时间不同处理组间差异显著（$P<0.05$）。

4.4.2　*Hsp23-like* 沉默对舞毒蛾幼虫生长发育的影响

与对照组相比，dsRNA 处理对舞毒蛾 3 龄幼虫 8d 累计死亡率和 4 龄幼虫平均龄期无明显影响（表 4-10）。*Hsp23-like* 基因沉默后舞毒蛾 3 龄幼虫 8d 累计死亡率与 4 龄幼虫平均龄期基本无改变。

表 4-10　*Hsp23-like* 基因沉默对舞毒蛾幼虫死亡率和发育历期的影响

处理组	3 龄幼虫 8d 累计死亡率/%	4 龄幼虫平均龄期/d
ddH$_2$O	10	4.50
ds*GFP*	15	4.17
ds*Hsp23-like*	10	4.42

4.4.3　*Hsp23-like* 沉默对舞毒蛾幼虫体重的影响

沉默 *Hsp23-like* 基因对特定时间点舞毒蛾幼虫的体重产生了影响。dsRNA 处理 1d 后，舞毒蛾 3 龄幼虫体重增长率都偏小，随后两天逐渐增大；与对照组（ddH$_2$O）相比，注射 ds*GFP* 和 ds*Hsp23-like* 3d 内舞毒蛾 3 龄幼虫体重增长均缓慢，取食 4d 时体重累计增长率逐渐增大，且显著小于对照组（$P<0.05$），幼虫体重累计增长率大小顺序为 ddH$_2$O 处理组＞ds$Hsp23$-$like$ 处理组＞dsGFP 处理组；在注射 5～8d（7d 除外）时，ds$Hsp23$-$like$ 处理组幼虫体重与 dsGFP 处理组无显著差异（表 4-11）。

表 4-11 $Hsp23$-$like$ 基因沉默对舞毒蛾 3 龄幼虫体重及体重累计增长率的影响

处理时间/d	ddH$_2$O 处理组		dsGFP 处理组		ds$Hsp23$-$like$ 处理组	
	体重/mg	累计增长率/%	体重/mg	累计增长率/%	体重/mg	累计增长率/%
0	16.80±3.64a	0	14.23±2.19a	0	14.90±3.32a	0
1	33.41±9.71a	99	27.89±7.61a	96	27.25±8.04a	83
2	36.71±9.71a	119	37.39±9.64a	163	33.51±8.51a	125
3	42.09±9.45a	151	38.26±7.69a	169	39.10±7.56a	162
4	61.62±7.35a	267	41.33±7.49b	190	46.69±6.56b	213
5	77.27±9.25a	360	60.06±7.56b	322	48.69±4.56b	227
6	92.64±5.31a	451	80.54±4.77a	466	90.00±7.56a	504
7	111.40±8.12a	563	89.91±9.97b	532	101.58±7.20a	582
8	118.37±17.00a	605	100.72±10.57a	608	106.73±18.97a	616

注：采用 SPSS 软件进行单因素方差分析和用邓肯多重范围检验进行差异显著性分析，同行不同小写字母表示同一处理时间不同处理组间舞毒蛾幼虫体重差异显著（$P<0.05$）。

4.4.4 $Hsp23$-$like$ 沉默对舞毒蛾营养利用的影响

沉默 $Hsp23$-$like$ 对舞毒蛾幼虫的营养利用转化产生了显著的影响。给舞毒蛾分别注射 dsGFP 和 ds$Hsp23$-$like$ 后（ddH$_2$O 作为对照组），正常饲喂 8d。dsGFP 处理组的相对取食量略大于对照组，为对照组的 1.13 倍，差异不显著（表 4-12）；ds$Hsp23$-$like$ 处理组食物利用率和近似消化率均显著低于对照组（$P<0.05$），dsGFP 处理组和 ds$Hsp23$-$like$ 处理组的食物利用率分别为对照组的 1.04 倍

表 4-12 $Hsp23$-$like$ 基因沉默对舞毒蛾幼虫营养利用指标的影响

处理	相对生长率/%	相对取食量/%	食物利用率/%	食物转化率/%	近似消化率/%
ddH$_2$O	130.22±4.81b	11.69±1.61a	26.37±2.76a	18.84±1.82b	90.45±6.83a
dsGFP	120.58±5.52b	13.26±1.34a	27.36±3.10a	18.05±2.61b	91.65±9.05a
ds$Hsp23$-$like$	154.28±7.92a	7.26±0.98ab	10.34±1.44b	27.04±3.66a	67.35±8.52b

注：采用 SPSS 软件进行单因素方差分析和邓肯多重范围检验进行差异显著性分析，同列不含相同小写字母表示不同处理组间差异显著（$P<0.05$）。

和39.21%, ds*GFP*处理组和ds*Hsp23-like*处理组的近似消化率分别为对照组的1.01倍和74.46%。从舞毒蛾幼虫的营养利用总体情况来看，注射外源基因 ds*GFP* 处理与 ddH$_2$O 处理间差异不显著。

主要参考文献

陈澄宇, 康志娇, 史雪岩, 等. 2015. 昆虫对植物次生物质的代谢适应机制及其对昆虫抗药性的意义[J]. 昆虫学报, 58(10): 1126-1139.

陈华友, 张春霞, 马晓珂, 等. 2008. 极端嗜热古菌的热休克蛋白[J]. 生物工程学报, 24(12): 2011-2021.

胡增辉, 杨迪, 沈应柏. 2009. 不同损伤形式诱导合作杨叶片中酚类物质含量的差异[J]. 西北植物学报, 29(2): 332-337.

李时荣, 葛朝虹, 刘德广, 等. 2018. 寄主植物对不同基因型麦长管蚜解毒酶活性的影响[J]. 西北农业学报, 27(2): 283-293.

刘吉升, 朱文辉, 廖文丽, 等. 2016. 昆虫RNA干扰中双链RNA的转运方式[J]. 昆虫学报, 59(6): 682-691.

刘鹏, 孙丽丽, 张琪慧, 等. 2017. 舞毒蛾小分子热激蛋白基因分析及对甲萘威胁迫的响应[J]. 北京林业大学学报, 39(1): 78-84.

刘影, 梅晰凡. 2014. 加杨树叶中 3 种黄酮类成分的含量测定[J]. 中国现代应用药学, 31(7): 857-860.

吕伟强, 丁宇, 刘继梅, 等. 2013. 银中杨树叶化学成分研究[J]. 天然产物研究与开发, 25(5): 620-623.

齐琪, 孙丽丽, 许力山, 等. 2021. RNAi 分析舞毒蛾谷胱甘肽 *S*-转移酶(GST)基因对黄酮和槲皮素胁迫响应[J]. 环境昆虫学报, 43(6): 1359-1367.

秦秋菊, 高希武. 2005. 昆虫取食诱导的植物防御反应[J]. 昆虫学报, 48(1): 125-134.

王聪, 蔡普默, 张琪文, 等. 2018. RNAi 技术在农业害虫防治中的应用研究进展[J]. 中国植保导刊, 38(6): 22-29.

王文龙. 2018. 菜粉蝶三大解毒酶基因的鉴定及 *GST* 基因表达模式分析[D]. 安徽农业大学硕士学位论文.

王振越. 2020. 杨树主要次生物质对舞毒蛾生长发育及主要解毒酶影响[D]. 东北林业大学硕士学位论文.

问荣荣. 2015. 舞毒蛾 *Hsp23-like* 基因对甲萘威胁迫响应及其 RNAi 功能分析[D]. 东北林业大学硕士学位论文.

问荣荣, 刘鹏, 邹传山, 等. 2016. 舞毒蛾 *DnaJ1* 基因克隆分析及对甲萘威胁迫响应[J]. 植物保护学报, 43(3): 391-397.

许力山. 2021. 三种次生物质与溴氰虫酰胺对舞毒蛾 P450 和 GST 影响研究[D]. 东北林业大学硕士学位论文.

伊爱芹, 陈媛梅, 郑彩霞. 2010. 高效毛细管电泳法测定加杨叶芦丁含量的动态变化[J]. 北京林业大学学报, 32(6): 549-552.

于瑞莲, 林喜燕, 胡恭任. 2009. 酚类化合物对发光菌的联合毒性[J]. 华侨大学学报(自然科学版), 30(5): 4.

周磊. 2015. 家蚕谷胱甘肽 *S*-转移酶 *BmGSTe2* 基因的克隆及功能性研究[D]. 重庆大学硕士学位论文.

Brattsten L B, 许文娜. 1987. 抗药性: 对害虫治理的挑战与基础研究[J]. 国外农学: 植物保护, (4): 12-19.

An Y, Shen Y B, Wu L J, et al. 2006. A change of phenolic acids content in poplar leaves induced by methyl salicylate and methyl jasmonate[J]. Journal of Forestry Research, 17(2): 107-110.

Boston R S, Viitanen P V, Vierling E. 1996. Molecular chaperones and protein folding in plants[J]. Plant Molecular Biology, 32(1-2): 191-222.

Chen X, Zhang Y L. 2015. Identification and characterisation of multiple glutathione *S*-transferase genes from the diamondback moth, *Plutella xylostella*[J]. Pest Management Science, 71(4): 592-600.

Diefenbach J, Kindl H. 2000. The membrane-bound DnaJ protein located at the cytosolic site of glyoxysomes specifically binds the cytosolic isoform 1 of Hsp70 but not other Hsp70 species[J]. European Journal of Biochemistry, 267(3): 746-754.

Fire A, Xu S Q, Montgomery M K, et al. 1998. Potent and specific genetic interference by double-stranded RNA in *Caenorhabditis elegans*[J]. Nature, 391(6669): 806-811.

Glover J R, Lindquist S. 1998. Hsp104, Hsp70, and Hsp40: a novel chaperone system that rescues previously aggregated proteins[J]. Cell, 94(1): 73-82.

Gupta S C, Sharma A, Mishra M, et al. 2010. Heat shock proteins in toxicology: How close and how far?[J]. Life Sciences, 86(11-12): 377-384.

Hannon G J. 2002. RNA interference[J]. Nature, 418(6894): 244-251.

Hendrick J P, Hartl F U. 1993. Molecular chaperone functions of heat-shock proteins[J]. Annual Review of Biochemistry, 62: 349-384.

Howe G A, Herde M. 2015. Interaction of plant defense compounds with the insect gut: new insights from genomic and molecular analyses[J]. Current Opinion in Insect Science, 9: 62-68.

Hui X M, Yang L W, He G L, et al. 2011. RNA interference of *ace1* and *ace2* in *Chilo suppressalis* reveals their different contributions to motor ability and larval growth[J]. Insect Molecular Biology, 20(4): 507-518.

Ketterman A J, Saisawang C, Wongsantichon J. 2011. Insect glutathione transferases[J]. Drug Metabolism Reviews, 43(2): 253-265.

Kim J H, Raisuddin S, Rhee J S, et al. 2009. Molecular cloning, phylogenetic analysis and expression of a *MAPEG* superfamily gene from the pufferfish *Takifugu obscurus*[J]. Comparative Biochemistry and Physiology Part C: Toxicology & Pharmacology, 149(3): 358-362.

Leask M, Lovegrove M, Walker A, et al. 2021. Evolution and genomic organization of the insect sHSP gene cluster and coordinate regulation in phenotypic plasticity[J]. BMC Ecology and Evolution, 21(1): 154.

Lu X P, Xu L, Meng L W, et al. 2020. Divergent molecular evolution in glutathione *S*-transferase conferring malathion resistance in the oriental fruit fly, *Bactrocera dorsalis* (Hendel)[J]. Chemosphere, 242: 125203.

Ma J Y, Sun L L, Zhao H Y, et al. 2021. Functional identification and characterization of *GST* genes in the Asian gypsy moth in response to poplar secondary metabolites[J]. Pesticide Biochemistry and Physiology, 176: 104860.

Mao Y B, Tao X Y, Xue X Y, et al. 2011. Cotton plants expressing *CYP6AE14* double-stranded RNA show enhanced resistance to bollworms[J]. Transgenic Research, 20(3): 665-673.

Poupardin R, Reynaud S, Strode C, et al. 2008. Cross-induction of detoxification genes by environmental xenobiotics and insecticides in the mosquito *Aedes aegypti*: impact on larval tolerance to chemical insecticides[J]. Insect Biochemistry and Molecular Biology, 38(5): 540-551.

Ranson H, Rossiter L, Ortelli F, et al. 2001. Identification of a novel class of insect glutathione *S*-transferases involved in resistance to DDT in the malaria vector *Anopheles gambiae*[J]. Biochemical Journal, 359(2): 295-304.

Rhee J S, Raisuddin S, Hwang D S, et al. 2008. A Mu-class glutathione *S*-transferase (*GSTM*) from the rock shell *Thais clavigera*[J]. Comparative Biochemistry and Physiology Part C: Toxicology & Pharmacology, 148(3): 195-203.

Sookrung N, Reamtong O, Poolphol R, et al. 2018. Glutathione *S*-transferase (GST) of American cockroach, *Periplaneta americana*: classes, isoforms, and allergenicity[J]. Scientific Reports, 8: 484.

Sun L L, Yin J J, Du H, et al. 2020. Characterisation of *GST* genes from the *Hyphantria cunea* and their response to the oxidative stress caused by the infection of *Hyphantria cunea* nucleopolyhedrovirus (HcNPV)[J]. Pesticide Biochemistry and Physiology, 163: 254-262.

Weber-Ban E U, Reid B G, Miranker A D, et al. 1999. Global unfolding of a substrate protein by the Hsp100 chaperone ClpA[J]. Nature, 401(6748): 90-93.

第 5 章　舞毒蛾分子靶标 *GPCR* 家族基因 鉴定和功能分析

为解决害虫抗药性问题，目前控制害虫的新防治策略是运用分子靶标干预发展新的杀虫剂。理想的靶标是参与机体至关重要功能（如发育、营养、生殖或运动）的基因产物，调节这种靶标的活性能够严重影响害虫的生命力。G 蛋白偶联受体（G-protein coupled receptor，GPCR）是生物体内重要的膜受体（Hill，2006），是真核生物中参与信号转导途径的一类膜蛋白，与通过激活三聚体的 G 蛋白结合调节下游基因功能，目前已在人类药物开发中得到广泛的研究与应用。昆虫体内存在数量众多参与昆虫发育、繁殖、代谢、蜕皮等过程的 GPCR（Simonet et al.，2004；Hauser et al.，2006；Mitri et al.，2009；Bai et al.，2011；Caers et al.，2012；Spit et al.，2012）。破坏或者过度激活 GPCR 调控的重要生物功能会导致害虫发育停滞、繁殖力下降或死亡（魏巍和李正名，2014）。研究表明，GPCR 也可以作为下一代新杀虫剂的作用靶标（Nene et al.，2007）。GPCR 通过抑制或刺激虫体自身的行动，改变害虫正常的受体功能即可导致害虫死亡或破坏害虫正常的体能和生育能力，减少害虫种群。

虽然对昆虫 *GPCR* 基因的功能已有一些研究，但这些研究主要是关于参与昆虫生理发育的 *GPCR* 基因，而关于 *GPCR* 基因对化学防治化合物杀虫剂响应的研究甚少，目前仅 Hu 等（2007）报道了来源于淡色库蚊（*Culex pipiens pallens*）的 GPCR 家族中 *opsin* 基因的 *NYD-OP7* 基因参与溴氰菊酯抗药性形成的研究。Li 等（2014）首次揭示了致倦库蚊（*Culex quinquefasciatus*）视紫质样 *GPCR* 基因沉默可导致致倦库蚊对氯菊酯的抗性减小。这些研究表明 GPCR 新型杀虫剂的研发具有广泛的潜力。

我们克隆获得舞毒蛾 5 个重要的 *GPCR* 基因：*Mthl1*、*OA1*、*Bursicon*、*DHR* 和 *SPR*。本章对获得的序列进行了生物信息学和时空表达特异性的分析，并基于 RNAi 技术深入研究了这 5 个基因的功能，为绿色无公害防治舞毒蛾提供了目的基因，奠定了理论基础。

5.1　*GPCR* 家族基因克隆及特性分析

5.1.1　长寿基因特性分析

随着基因组测序的完成，许多昆虫类 *Methuselah*（*Methuselah-like*，*Mthl*）基

因被鉴定出来。*Mthl* 基因数在不同物种间差别很大，如果蝇 15 个、冈比亚按蚊 7 个、家蚕 10 个、意大利蜜蜂（*Apis mellifera*）4 个、豌豆蚜（*Acyrthosiphon pisum*）3 个、赤拟谷盗（*Tribolium castaneum*）5 个、花绒寄甲（*Dastarcus helophoroides*）11 个（Hill et al.，2002；Fan et al.，2010；Bai et al.，2011；Li et al.，2013a，2014；Zhang et al.，2016）。

在舞毒蛾转录组中鉴定出 *Mthl1*（KY614003）基因的全长 cDNA，其可读框为 1563bp，编码 520 个氨基酸，预测分子量为 59.18kDa，理论等电点为 8.44，为碱性蛋白质（Cao et al.，2019）。舞毒蛾 Mthl1 同源模型的整体结构由细胞外域（胞外域）、7 个跨膜结构域和细胞内域（胞内域）组成（图 5-1A）。用于模拟舞毒蛾 Mthl1 胞外域的晶体结构模板是黑腹果蝇 Mth：PDB 1FJR（West et al.，2001）。I-TASSER 服务器将胞外域的模型质量评估为 0.51 的置信度分数，TM 分数（template modeling score，TM-score）为 0.78±0.10（Zhang，2008）。用于模拟舞毒蛾 Mthl1 跨膜结构域和细胞内结构域的晶体结构模板包括 B 类 GPCR 促肾上腺皮质激素释放因子受体 1（CRFR1：PDB 4K5Y）（Hollenstein et al.，2013）和胰高血糖素受体（GLR：PDB 4L6R 和 5EE7）（Siu et al.，2013；Jazayeri et al.，2016）。I-TASSER 服务器将跨膜结构域和细胞内结构域的模型质量评估为–0.81 的置信度分数，TM 分数为 0.61±0.14（Zhang，2008；Roy et al.，2010）。舞毒蛾 Mthl1 与 CRFR1 和 GLR 的完整蛋白质序列同源性均为 23%，而跨膜区的序列同源性分别为 25% 和 23%。

舞毒蛾 Mthl1 同源模型的胞外域比黑腹果蝇 Mth（1FJR）晶体结构中的胞外域具有更少的 β 链，但胞外域模型的叠加显示出相似的整体折叠，Cα 整体骨架的均方根偏差为 0.962Å（图 5-1B）。序列比对和模型叠加揭示 10 个保守的半胱氨酸残基位于 Mthl 和 Mthl-like 蛋白质的胞外域（图 5-1C）。根据成熟蛋白质编号，舞毒蛾 Mthl1 中 5 个胞外域的二硫键形成于 Cys-3 和 Cys-48、Cys-50 和 Cys-55、Cys-59

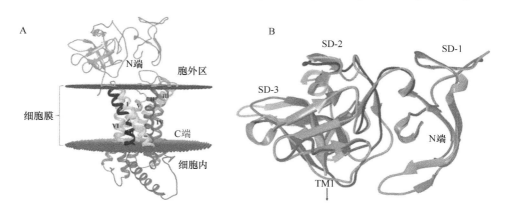

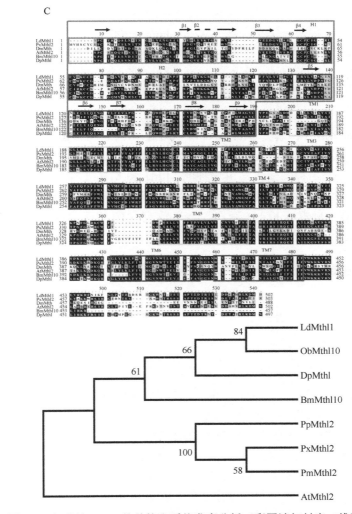

图 5-1　舞毒蛾 *Mthl1* 的结构和系统发育分析（彩图请扫封底二维码）

A. 带状图表示舞毒蛾 *Mthl1* 划分细胞外域（蓝色）、7 次跨膜结构域的全局结构［结构域包括螺旋Ⅰ（黄色）、螺旋Ⅱ（绿色）、螺旋Ⅲ（青色）、螺旋Ⅳ（棕色）、螺旋Ⅴ（橙色）、螺旋Ⅵ（紫色）、螺旋Ⅶ（深红色）］和细胞内域（灰色）。使用分子观察程序 UCSF Chimera 1.11rc（Pettersen et al.，2004）生成图形。B. 舞毒蛾 Mthl1 和黑腹果蝇 Mth 胞外域的比较：PDB 1FJR（蓝色）（West et al.，2001）。舞毒蛾 Mthl1 的胞外域由子域 1（SD-1，绿色）、子域 2（SD-2，红色）和子域 3（SD-3，紫色）组成。C. 舞毒蛾 Mthl1 与几种昆虫物种的 Mthl 和 Mthl-like 蛋白质序列比对。序列的二级结构元素用带有→的 β 链表示。胞外域用蓝色框标出。胞外域的 SD-1 用绿色框突出显示，胞外域的 SD-2 用红色框勾勒，而胞外域的 SD-3 用紫色框强调。该跨膜结构域 1~7（TM1~TM7）分别用金色、森林绿色、蓝色、棕色、橙色、紫色和暗红色的框标出。在比对中，具有 75% 或更高同源性的氨基酸以灰色突出显示，而保守的半胱氨酸以黑色突出显示。D. 系统发育树是用舞毒蛾 Mthl1 的氨基酸序列和来自其他 7 种鳞翅目昆虫的 Mthl-like 蛋白质使用 Mega 6 软件构建。用于构建多序列比对和进化树的 9 种昆虫的 Mthl1 的氨基酸序列为舞毒蛾（LdMthl1）、柑橘凤蝶（*Papilio xuthus*，PxMthl2）、黑腹果蝇（DmMth）、脐橙螟蛾（*Amyelois transitella*，AtMthl2）、家蚕（BmMthl10）、帝王斑蝶（*Danaus plexippus*，DpMthl）、冬尺蛾（*Operophtera brumata*，ObMthl10）、萤火虫（*Photinus pyralis*，PpMthl2）和金凤蝶（*Papilio machaon*，PmMthl2）。

和 Cys-148、Cys-60 和 Cys-70 及 Cys-108 和 Cys-167 之间。基于 West 等（2001）的惯例，胞外域可划分为 3 个子域（West et al.，2001）。舞毒蛾 Mthl1 与黑腹果蝇 Mth、脐橙蟑螂蛾 Mthl2、家蚕 Mthl10、帝王斑蝶 Mthl、柑橘凤蝶 Mthl2 的蛋白质全序列同源性分别为 27%、58%、60%、65% 和 62%。舞毒蛾 Mthl1 与黑腹果蝇 Mth、脐橙蟑螂蛾 Mthl2、家蚕 Mthl10、帝王斑蝶 Mthl、柑橘凤蝶 Mthl2 的胞外域序列同源性分别为 23%、43%、42%、51% 和 43%。舞毒蛾 Mthl1 与黑腹果蝇 Mth、脐橙蟑螂蛾 Mthl2、家蚕 Mthl10、帝王斑蝶 Mthl、柑橘凤蝶 Mthl2 的跨膜区序列同源性分别为 32%、66%、70%、77% 和 78%。

我们基于其他 7 种鳞翅目昆虫物种的 Mthl1 和 Methuselah-like 蛋白质氨基酸序列与舞毒蛾蛋白质氨基酸序列进行了系统发育分析。我们使用 Mega 6 的邻接法生成系统发育树。舞毒蛾 Mthl1 源自与冬尺蛾 Mthl10 相同的进化树根部，引导值为 84（图 5-1D）。

5.1.2　眼白化病Ⅰ型基因特性分析

眼白化病Ⅰ型（ocular albinism type Ⅰ，OA1）蛋白作为一种黑素小体膜整合性糖蛋白，具有 7 个跨膜结构，N 末端伸向小体膜腔一侧，C 末端伸向细胞质侧，在两侧各形成 3 个环结构，N 糖基化位点在小体膜腔一侧的第一个环上（d'Addio et al.，2000；谷学英等，2009）。这种结构与通常位于细胞膜的 GPCR 非常相似，并且在 OA1 蛋白跨膜区和环上都含有许多 GPCR 的保守性氨基酸，因此认为 OA1 蛋白是 GPCR 超家族中的一员。

曹传旺等（2014）从舞毒蛾幼虫转录组数据的分析中获得了 OA1 基因的全长 cDNA 序列。舞毒蛾 OA1 基因可读框长 1068bp，编码 355 个氨基酸，如图 5-2 所示。ProtParam 预测编码蛋白质的分子量为 40.70kDa，理论等电点为 9.05，此蛋白质为碱性蛋白。信号肽预测结果表明，该基因不含信号肽序列。BLASTX 程序对舞毒蛾 OA1 蛋白保守区的预测结果表明，该蛋白质属于 GPCR 家族中眼白化病Ⅰ型蛋白（图 5-3）。通过 BLASTX 程序多序列比对，选择与舞毒蛾 OA1 蛋白序列相似程度高的 8 种其他昆虫的 GPCR 蛋白进行多序列比对，结果表明，舞毒蛾 OA1 蛋白与 8 种其他昆虫 GPCR 蛋白的氨基酸序列同源性为 37.33%～69.33%（图 5-4）。通过构建的 9 种昆虫的 GPCR 蛋白的系统进化树表明，9 种昆虫 GPCR 蛋白分为 2 类，其中舞毒蛾 OA1 蛋白与帝王斑蝶 GPCR 亲缘关系近而聚为一类，其他 7 种昆虫的亲缘关系较近而聚为另一类（图 5-5）。

1	ATG	ATT	GTG	AAC	CCA	ATT	ATG	TAT	GTT	ATG	TCA	AGC	AAA	AAT	GTG	45
1	Met	Ile	Val	Asn	Pro	Ile	Met	Tyr	Val	Met	Ser	Ser	Lys	Asn	Val	15
46	GCA	ATG	GCT	GTA	GCA	GTT	CCT	CTT	GCT	CAG	TTT	ACA	AGC	AAG	GAA	90
16	Ala	Met	Ala	Val	Ala	Val	Pro	Leu	Ala	Gln	Phe	Thr	Ser	Lys	Glu	30
91	AGA	AGA	GTA	GTT	GAC	ATA	TTA	AGA	CTG	AAA	TTT	TTC	TTA	ATA	AAT	135
31	Arg	Arg	Val	Val	Asp	Ile	Leu	Arg	Leu	Lys	Phe	Phe	Leu	Ile	Asn	45
136	TTG	GTG	TTC	TAT	CTT	TGC	TGG	TTG	CCG	AAT	CTT	ATA	AAT	GGT	TTC	180
46	Leu	Val	Phe	Tyr	Leu	Cys	Trp	Leu	Pro	Asn	Leu	Ile	Asn	Gly	Phe	60
181	CTG	ATA	TGG	ATT	ATG	TGG	TTT	GAC	ATT	CCG	GTT	AAA	GTA	ATA	ATC	225
61	Leu	Ile	Trp	Ile	Met	Trp	Phe	Asp	Ile	Pro	Val	Lys	Val	Ile	Ile	75
226	TCT	ATA	TGG	TAC	ATT	ATG	GCT	TTA	ACA	AAT	CCT	CTG	CAA	GCA	CTT	270
76	Ser	Ile	Trp	Tyr	Ile	Met	Ala	Leu	Thr	Asn	Pro	Leu	Gln	Ala	Leu	90
271	TTG	AAT	GCT	CTT	GTT	TAT	CGA	AAA	TGG	AGT	ACA	AAT	AGA	TGG	AGT	315
91	Leu	Asn	Ala	Leu	Val	Tyr	Arg	Lys	Trp	Ser	Thr	Asn	Arg	Trp	Ser	105
316	CAT	ACC	CCA	TCG	TTT	AGT	AAA	GAG	ACA	AAG	AAA	GAA	TTT	CGA	TTT	360
106	His	Thr	Pro	Ser	Phe	Ser	Lys	Glu	Thr	Lys	Lys	Glu	Phe	Arg	Phe	120
361	TAC	GAT	GAA	CAG	TCG	CCA	TTG	TTA	GGT	TCA	GAA	CCC	ACG	AGG	CTA	405
121	Tyr	Asp	Glu	Gln	Ser	Pro	Leu	Leu	Gly	Ser	Glu	Pro	Thr	Arg	Leu	135
406	CAA	TTA	TCA	CCT	ATC	CCA	CCT	GGA	ATC	AAT	AAT	TAT	TCA	ACT	TTG	450
136	Gln	Leu	Ser	Pro	Ile	Pro	Pro	Gly	Ile	Asn	Asn	Tyr	Ser	Thr	Leu	150
451	TGA	453														

图 5-2　舞毒蛾 *OA1* 基因的 cDNA 及由此推导的氨基酸序列

图 5-3　舞毒蛾 OA1 蛋白氨基酸序列保守区预测

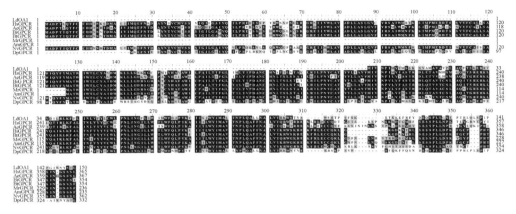

图 5-4　9 种昆虫 GPCR 蛋白多序列比对

9 种昆虫 GPCR 蛋白序列：帝王斑蝶（DpGPCR，EHJ67128.1）、跳镰猛蚁（*Harpegnathos saltator*，HsGPCR，EFN82229.1）、美洲东部熊蜂（*Bombus impatiens*，BiGPCR，XP-003489203.1）、苜蓿切叶蜂（*Megachile rotundata*，MrGPCR，XP-003707340.1）、欧洲熊蜂（*Bombus terrestris*，BtGPCR，XP-003395851.1）、意大利蜜蜂（AmGPCR，XP-394576.3）、蝇蛹金小蜂（*Nasonia vitripennis*，NvGPCR，XP-003428050.1）、切叶蚁（*Acromyrmex echinatior*，AeGPCR，EGI67170.1）、舞毒蛾（LdOA1）。

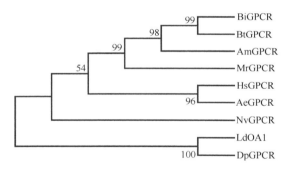

图 5-5　9 种昆虫 GPCR 蛋白系统进化树

9 种昆虫 GPCR 蛋白序列：美洲东部熊蜂（BiGPCR，XP-003489203.1）、欧洲熊蜂（BtGPCR，XP-003395851.1）、意大利蜜蜂（AmGPCR，XP-394576.3）、苜蓿切叶蜂（MrGPCR，XP-003707340.1）、跳镰猛蚁（HsGPCR，EFN82229.1）、切叶蚁（AeGPCR，EGI67170.1）、蝇蛹金小蜂（NvGPCR，XP-003428050.1）、舞毒蛾（LdOA1）、帝王斑蝶（DpGPCR，EHJ67128.1）。

5.1.3　利尿激素受体基因特性分析

利尿激素最早在烟草天蛾中被鉴定出来（Kataoka et al.，1989），随后在多种昆虫体内被鉴定到（Reagan，1994；Furuya et al.，1998；Baldwin et al.，2001）。利尿激素通过激活利尿激素受体，将细胞外信号传递到细胞内，进而产生功能性细胞活动，在调节生理和行为方面发挥重要作用。利尿激素受体（diuretic hormone receptor，DHR）属于 GPCR 的 B1 家族（Lee et al.，2016）。利尿激素及其受体在排泄、取食、体内水稳态、昼夜节律等方面发挥重要的生理功能（Johnson et al.，2005；LaJeunesse et al.，2010；Goda et al.，2016；Nässel and Zandawala，2019）。

在舞毒蛾转录组中筛选出全长为 1203bp 的 *DHR* cDNA，编码 400 个氨基酸，预测分子质量为 43.82kDa，理论等电点为 8.07（Pang et al.，2022）。DHR 蛋白是 GPCR 家族成员，在细胞外 N 末端结构域有 6 个保守的半胱氨酸残基和 7 个预测的跨膜区域。DHR 细胞外 N 末端结构域的 *N*-糖基化位点已被标注（图 5-6）。用于系统发育分析的 DHR 蛋白的氨基酸序列取自 15 种鳞翅目昆虫。舞毒蛾与冬尺蛾（*Operophtera brumata*）的 DHR 源于相同的进化树，自展值为 47（图 5-7）。

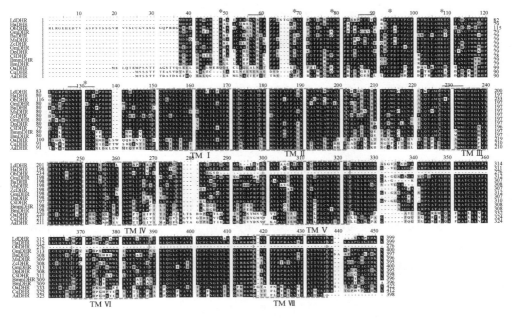

图 5-6　15 种昆虫 DHR 蛋白的多序列比对（彩图请扫封底二维码）

细胞外 N 末端结构域中的 6 个保守半胱氨酸残基用红色*标记，所有 DHR 的 7 个预测跨膜区域用蓝色框线标注。舞毒蛾 DHR 细胞外 N 末端结构域上的 N 糖基化位点用红色短线表示。15 种昆虫 DHR 蛋白序列：舞毒蛾（LdDHR）、棉铃虫（HaDHR，XP-021196683.1）、冬尺蛾（ObDHR，KOB65047.1）、梨小食心虫（*Grapholitha molesta*，GmDHR，QPZ46792.1）、偏瞳蔽眼蝶（*Bicyclus anynana*，BaDHR，XP-023943647.1）、烟草天蛾（MsDHR，XP-030030534.1）、菊黄花粉蝶（*Zerene cesonia*，ZcDHR，XP-038220665.1）、大蜡螟（*Galleria mellonella*，GmDHR，XP-031766214.1）、帝王斑蝶（DpDHR，XP- 032517489.1）、二化螟（CsDHR，ALM88341.1）、野桑蚕（BmmDHR，XP 028029872.1）、家蚕（BmDHR，NP-001127732.1）、尾蜂（*Orussus abietinus*，OaDHR，XP-012282477.1）、致倦库蚊（CqDHR，XP-038108008.1）、埃及伊蚊（AaDHR，QBC65445.1）。

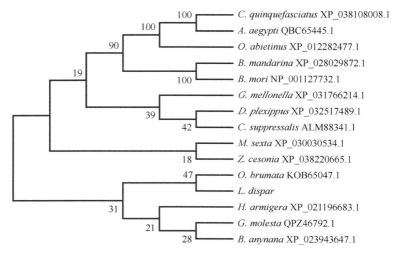

图 5-7　15 种昆虫 DHR 蛋白系统进化树

15 种昆虫 DHR 蛋白序列：致倦库蚊（*C. quinquefasciatus*，XP-038108008.1）、埃及伊蚊（*Aedes aegypti*，*A. aegypti*，QBC65445.1）、尾蜂（*O. abietinus*，XP_012282477.1）、野桑蚕（*B. mandarina*，XP_028029872.1）、家蚕（*B. mori*，NP_001127732.1）、大蜡螟（*G. mellonella*，XP_031766214.1）、帝王斑蝶（*D. plexippus*，XP_032517489.1）、二化螟（*C. suppressalis*，ALM88341.1）、烟草天蛾（*M. sexta*，XP_030030534.1）、菊黄花粉蝶（*Z. cesonia*，XP_038220665.1）、冬尺蛾（*O. brumata*，KOB65047.1）、舞毒蛾（*L. dispar*）、棉铃虫（*H. armigera*，XP_021196683.1）、梨小食心虫（*G. molesta*，QPZ46792.1）、偏瞳蔽眼蝶（*B. anynana*，XP_023943647.1）。

5.1.4　性肽受体基因特性分析

　　Chen 等（1988）与 Liu 和 Kubli（2003）等在果蝇中发现性肽（sex peptide，SP）的 36 个氨基酸是与雌性交配反应的主要调节因子，并在交配过程中由雄性果蝇的精子和附属腺液体一起传递。Soller 等（1999）发现受 SP 诱导的雌性果蝇卵子的产生量和产出量均增加，但拒绝雄性的求偶行为。随后科研人员揭示 SP 通过降低雌性果蝇对于交配的感知力，增加产卵量，为雄性在精子竞争方面提供了显著优势，从而促进雄性生殖（Chapman et al.，2003；Fricke et al.，2009；Tsuda and Aigaki，2016）。此外，也有研究发现 SP 会导致其他的行为和生理变化，如增加进食、免疫刺激、改变食物种类和睡眠模式（Peng et al.，2005；Carvalho et al.，2006；Domanitskaya et al.，2007；Isaac et al.，2010；Ribeiro et al.，2010）。SP 的高亲和力受体（SPR）已经被 Yapici 等（2008）鉴定出来，它的存在有利于后期的物质变换，使雌雄果蝇之间易于交配，以及使雌性果蝇的产卵量增加。Tsuda 等（2015）发现，在果蝇物种中，*SP/SPR* 系统是高度可变的。基因组测序显示，在 12 个果蝇物种中，编码 *SP* 的基因在莫哈韦果蝇（*Drosophila mojavensis*）和灰果蝇（*Drosophila grimshawi*）中缺失，表明 *SP* 基因在进化过程中已经丢失，或者 *SP* 的依赖系统在这两个物种中不存在。此外，Kim 等（2010）验证 *SP* 同源基因的额外拷贝的存在表明，在某些物种中，*SP/SPR* 介导的系统得到了增强。进化保守的 MIP 样肽家族是 SPR 的一种祖先配体。进化保守的 MIP 激活 SPR。在 MIP 和 SP 中，影响这种双受体激活的结构决定因素已经被表征。

对舞毒蛾 *SPR* 基因的鉴定及生物信息学分析可知，*SPR* 的可读框长度为 1263bp，编码 420 个氨基酸，预测分子量为 48.79kDa，理论等电点为 8.79（Du et al.，2021）。舞毒蛾 SPR 蛋白是由 29 个带负电荷的残基（如 Asp、Glu）和 37 个带正电荷的残基（如 Arg、Lys）组成的一种碱性蛋白。SPR 是一种不稳定蛋白，脂溶度指数为 95.79。SPR 中缬氨酸（Val，41）的相对含量最高，亮氨酸（Leu，38）相对含量次之，分别占氨基酸总量的 9.8% 和 9.0%。SPR 蛋白具有 GPCR 家族成员特征的 7 个跨膜受体结构，属于 GPCR 家族 A。本课题组从其他昆虫中选择 31 个 SPR 蛋白与舞毒蛾 SPR 蛋白进行多序列比对，结果显示，舞毒蛾 SPR 蛋白氨基酸序列与其他 31 个 SPR 蛋白氨基酸序列的同源性为 68%～95%。利用 32 种昆虫 SPR 序列构建系统发育树（图 5-8），结果表明，与舞毒蛾聚在一起的 2 种昆虫分别为夏威夷红蛱蝶和帝王斑蝶。

5.1.5 鞣化激素基因特性分析

20 世纪 60 年代，Cottrell（1962a，1962b）通过红头丽蝇（*Calliphora vicina*）的颈部结扎试验首次发现并命名为 Bursicon（鞣化激素）。随后研究学者发现，鞣化激素由位于食管下神经节和腹部神经节的神经元合成，分泌到血淋巴中以执行其生理功能（Baker and Truman，2002；Honegger et al.，2002；Luan et al.，2006）。Kaltenhauser 等（1995）证实了 Bursicon 是昆虫中发现的第 1 个异二聚体半胱氨酸结激素，分子量约为 30kDa，由 Burs-α 和 Burs-β 亚基组成。Bursicon 作用于富含亮氨酸的重复序列的由 *rickets* 基因编码的 G 蛋白偶联受体 2（G-protein coupled receptor 2）（Eriksen et al.，2000；Baker and Truman，2002；Luo et al.，2005），两者结合后激活环磷酸腺苷/蛋白激酶 A（cAMP/PKA）信号通路，导致酪氨酸羟化酶（tyrosine hydroxylase，TH）积累，从而调节虫体表皮鞣化并控制翅膀上皮细胞的程序性死亡进而控制翅膀展开（Kimura et al.，2004；Davis et al.，2007；Kiger et al.，2007）。

从舞毒蛾转录组数据库中鉴定 *Burs-α* 和 *Burs-β* 的全长 cDNA 序列，*Burs-α* 和 *Burs-β* 可读框分别为 480bp 和 420bp，分别编码 159 个和 139 个氨基酸多肽，预测分子量分别为 17.79kDa 和 15.73kDa，理论等电点分别为 7.79 和 4.78（Zhang et al.，2022）。选取来自鳞翅目的其他 14 种 Bursicon 蛋白用于与舞毒蛾 Bursicon 的多序列比对（图 5-9A），这 14 种鳞翅目昆虫的同系物高度保守。在系统发育树中，舞毒蛾 Bursicon 与甜菜夜蛾、斜纹夜蛾和粉纹夜蛾同源（图 5-9B、C）。

图 5-8　32 种昆虫 SPR 蛋白系统进化树

32 种昆虫蛋白序列：温带臭虫（*Cimex lectularius*，*C. lectularius*，XP_014250084.1）、茶翅蝽（*Halyomorpha halys*，*H. halys*，XP_024218766.1）、豆荚草盲蝽（*Lygus hesperus*，*L. hesperus*，AEK80439.1）、柑桔木虱（*Diaphorina citri*，*D. citri*，XP_008469485.1）、烟粉虱（*Bemisia tabaci*，*B. tabaci*，XP_018916635.1）、雕叶蝉（*Graphocephala atropunctata*，*G. atropunctata*，JAT21985.1）、黄色甘蔗蚜虫（*Sipha flava*，*S. flava*，XP_025405812.1）、玉米蚜（*R. maidis*，XP_026821801.1）、烟蚜（*Myzus persicae*，*M. persicae*，XP_022183215.1）、豌豆蚜（*A. pisum*，XP-001944453.1）、高粱蚜（*Melanaphis sacchari*，*M. sacchari*，XP_025192325.1）、德国小蠊（*Blattella germanica*，*B. germanica*，PSN56754.1）、湿木白蚁（*Zootermopsis nevadensis*，*Z. nevadensis*，KDR24017.1）、白符等姚（*Folsomia candida*，*F. candida*，XP_021945159.1）、小菜蛾（*P. xylostella*，XP_011562912.1）、黑腹果蝇（*D. melanogaster*，NP_001284892.1）、赤拟谷盗（*T. castaneum*，NP_001106940.1）、红斑尼葬甲（*Nicrophorus vespilloides*，*N. vespilloides*，XP_017786519.1）、萤火虫（*P. pyralis*，XP_031356552.1）、二化螟（*C. suppressalis*，ALM88340.1）、舞毒蛾（*L. dispar*）、夏威夷红蛱蝶（*Vanessa tameamea*，*V. tameamea*，XP_026483981.1）、帝王斑蝶（*D. plexippus*，EHJ75336.1）、家蚕（*B. mori*，NP_001108346.1）、金凤蝶（*P. machaon*，XP_014367912.1）、烟草天蛾（*M. sexta*，XP_030037201.1）、粉纹夜蛾（*Plusia ni*，*P. ni*，XP_026743588.1）、斜纹夜蛾（*S. litura*，AGE92037.1）、烟青虫（*Helicoverpa assulta*，*H. assulta*，AFH53182.1）、棉铃虫（*H. armigera*，ADK79103.2）、脐橙蛴蛾（*A. transitella*，XP_013199292.1）、柑橘凤蝶（*P. xuthus*，XP_013181400.1）。

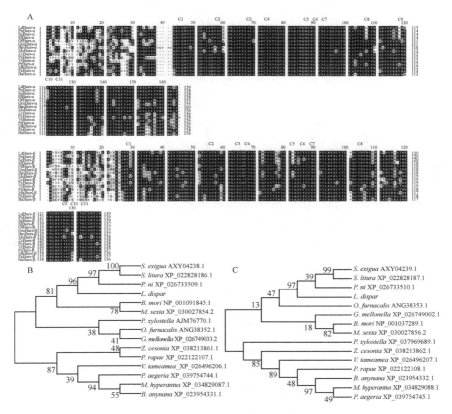

图 5-9　14 种 Bursicon 蛋白的多序列比对与系统发育树

A. 舞毒蛾 Burs-α 和 Burs-β 与几种昆虫物种的 Burs-α 和 Burs-β 蛋白的序列比对；B. 用 Mega 6 软件构建的舞毒蛾 Burs-α 的氨基酸序列和来自其他 13 种鳞翅目昆虫的 Burs-α 蛋白的系统发育树；C. 用 Mega 6 软件构建的舞毒蛾 Burs-β 的氨基酸序列和来自其他 13 种鳞翅目昆虫的 Burs-β 蛋白的系统发育树。14 种鳞翅目 Bursicon 蛋白：粉纹夜蛾（*P. ni*，XP_026733509.1，XP_026733510.1）、甜菜夜蛾（*S. exigua*，AXY04238.1，AXY04239.1）、斜纹夜蛾（*S. litura*，XP_022828186.1，XP_022828187.1）、亚洲玉米螟（*Ostrinia furnacalis*，*O. furnacalis*，ANG38352.1，ANG38353.1）、大蜡螟（*G. mellonella*，XP_026749033.2，XP_026749002.1）、家蚕（*B. mori*，NP_001091845.1，NP_001037289.1）、烟草天蛾（*M. sexta*，XP_030027854.2，XP_030027856.2）、菊黄花粉蝶（*Z. cesonia*，XP_038213861.1，XP_038213862.1）、小菜蛾（*P. xylostella*，AJM76770.1，XP_037969689.1）、夏威夷红蛱蝶（*V. tameamea*，XP_026496206.1，XP_026496207.1）、菜粉蝶（*P. rapae*，XP_022122107.1，XP_022122108.1）、*Maniola hyperantus*（*M. hyperantus*，XP_034829087.1，XP_034829088.1）、斑点木蝶（*Pararge aegeria*，*P. aegeria*，XP_039754744.1，XP_039754745.1）和偏瞳蔽眼蝶（*B. anynana*，XP_023954331.1，XP_023954332.1）、舞毒蛾（*L. dispar*）。

5.2　*GPCR* 家族基因发育和组织特异性分析

5.2.1　长寿基因发育阶段特异性分析

利用 qRT-PCR 技术比较舞毒蛾 *Mthl1* 基因在不同发育阶段［卵、幼虫（1～

6 龄）、蛹、成虫]的转录水平。*Mthl1* 在 4 龄幼虫期检测到最低表达水平。*Mthl1* 在 3 龄和 5 龄幼虫期检测到相对高的相对表达量。在成虫期，*Mthl1* 在雄性中的相对表达量是雌性中的 6.28 倍（图 5-10）。Patel 等（2012）研究表明，*Mth* 受体基因在不同物种中存在不对称表达分布，具有一定的时空特性。Patel 等（2012）研究还发现，果蝇的 15 个 *Mth* 受体基因中，在胚胎、3 龄幼虫期中枢神经系统中仅 *Mth* 和 *Mthl10* 表达，而 *Mthl3*、*Mthl4*、*Mthl6*、*Mthl8* 在 3 龄幼虫期中枢神经系统中表达，*Mthl1*、*Mthl5*、*Mthl9*、*Mthl13*、*Mthl14* 则选择性地在果蝇胚胎中表达。张伟（2014）在研究花绒寄甲 7 个长寿基因 *Mth* 表达分析时发现，在不同组织、不同虫态、不同存活时间的成虫等样品中均有表达，且存在高度的组织特异性，在精巢和 6 龄幼虫时表达量最高，而不同存活时间的成虫中，各 *Mth* 基因的表达量无显著差异。Li 等（2014）对赤拟谷盗 *Mthl* 基因表达模式研究时也发现，*Mthl* 的 mRNA 的表达在不同虫态有不同的表达模式，如 *Mthl1* 在晚期卵到早期幼虫出现表达的小高峰，在晚期蛹到早期成虫则出现大高峰，*Mthl2* 和 *Mthl5* 在初期卵和晚期蛹有较高的表达量，*Mthl3* 在晚期幼虫到早期蛹及成虫阶段有高的转录水平，*Mthl4* 的转录水平从卵期到蛹呈增加趋势，在晚期蛹达到转录高峰。这种 *Mth/Mthl* 特异性表达对于昆虫正常发育的调控具有至关重要的作用，也将有助于本课题组揭示 *Mth* 受体基因调控舞毒蛾寿命的生理机制。

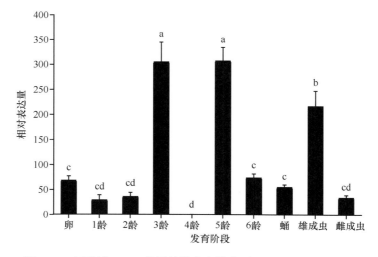

图 5-10　舞毒蛾 *Mthl1* 基因的发育表达水平（Cao et al.，2019）

以 *EF1α*、*actin* 和 *TUB* 相关 mRNA 表达量的平均值作为对照，计算目的基因的相对表达量。数据显示平均值±标准误（*n*=3）。用邓肯多重范围检验分析差异显著性，不含有相同小写字母表示不同发育阶段间差异显著（*P*<0.05）。

5.2.2　眼白化病Ⅰ型基因发育阶段特异性分析

本研究采用 qRT-PCR 技术检测了舞毒蛾 *OA1* 基因在舞毒蛾卵、幼虫（1～6龄）、蛹、成虫不同发育阶段的转录表达水平，如图 5-11 所示。与其他阶段相比，4 龄幼虫中 *OA1* 的表达水平最低，而雄成虫中 *OA1* 的表达水平最高。

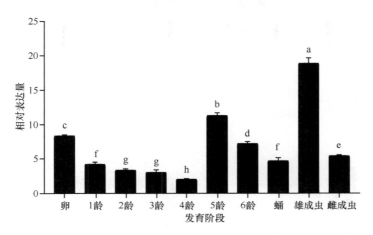

图 5-11　在舞毒蛾的不同发育阶段 *OA1* 基因的转录表达水平（Sun et al.，2019）
用邓肯多重范围检验分析差异显著性，不同小写字母表示不同发育阶段间差异显著（$P<0.05$）。

5.2.3　鞣化激素基因发育阶段特异性分析

收集卵、1～6 龄第 1 天的幼虫、蛹和成虫，用于研究舞毒蛾不同发育阶段 *Bursicon* 的表达。从 5 龄幼虫解剖头、前肠、中肠、脂肪体、马氏管、血淋巴、表皮、精巢、卵巢、后肠和丝腺等组织，将其置于冷的磷酸盐缓冲盐水（pH=7.4）中，取出的样品立即浸入液氮中并储存在−80℃，用于随后的 RNA 提取。采用 qRT-PCR 技术检测 *Burs-α* 和 *Burs-β* 的转录水平。结果表明，*Bursicon* 在舞毒蛾的所有发育阶段都有表达，且在幼虫阶段表达水平相对稳定。*Bursicon* 在 2龄幼虫中表达水平最低，在卵中表达水平最高。卵中 *Burs-α* 和 *Burs-β* 的表达水平分别是 2 龄幼虫的 1895.96 倍和 1144.34 倍。蛹中 *Bursicon* 的表达水平高于幼虫和成虫。雄蛹中 *Burs-α* 和 *Burs-β* 的表达水平分别是雌蛹的 71% 和 1.49倍。在成虫阶段，雄成虫中 *Burs-α* 和 *Burs-β* 的表达水平分别是雌成虫的 73%和 1.08 倍（图 5-12）。

采用 qRT-PCR 技术检测舞毒蛾不同组织中 *Bursicon* 的表达水平。结果表明，*Burs-α* 在表皮中的表达水平最高；在头和血淋巴中的表达水平也较高，分别是后肠中相对表达量的 16.36 倍和 14.55 倍（图 5-13A）。*Burs-β* 在马氏管中的表达水平最

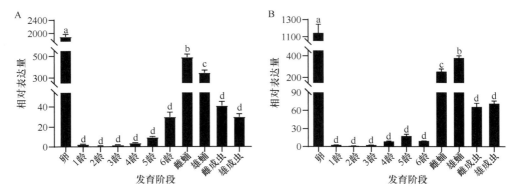

图 5-12　舞毒蛾各发育阶段 *Burs-α*（A）和 *Burs-β*（B）基因的相对表达量（Zhang et al.，2022）
用邓肯多重范围检验分析差异显著性，各图不同小写字母表示不同发育阶段间差异显著（$P<0.05$）。

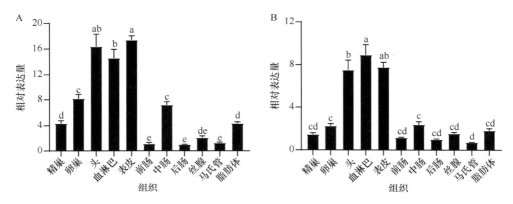

图 5-13　不同组织中 *Burs-α*（A）和 *Burs-β*（B）基因的相对表达量
用邓肯多重范围检验分析差异显著性，各图不含相同小写字母表示不同组织间差异显著（$P<0.05$）。

低，在血淋巴中的表达水平最高，分别是后肠的 72% 和 8.93 倍。表皮和头中 *Burs-β* 的转录水平显著高于其他组织（血淋巴除外），分别是后肠的 7.77 倍和 7.53 倍（图 5-13B）。

5.2.4　DHR 基因发育阶段特异性分析

收集卵、1~6 龄第 1 天的幼虫、蛹和成虫，用于研究舞毒蛾不同发育阶段 *Bursicon* 的表达。取 5 龄舞毒蛾幼虫饥饿 12h 后，解剖取其组织，提取各组织中的 RNA，然后反转录合成 cDNA，通过 qRT-PCR 技术检测 *DHR* 在不同组织中的表达情况。结果表明，舞毒蛾 *DHR* 的相对表达量以 5 龄幼虫最高，6 龄幼虫最低。除 6 龄幼虫外，*DHR* 在幼虫期的表达高于卵期、蛹期和雌成虫期。*DHR* 在 1 龄幼虫中的相对表达量是卵期的 3.46 倍。*DHR* 在 5 龄幼虫中的相对表达量分别是雄蛹和雌蛹的 6.90 倍和 4.41 倍（图 5-14A）。对舞毒蛾 *DHR* 在不同组织的表达量的分析发现，*DHR* 表达水平最高的是后肠，其次是中肠，相对表达量分别为表皮的 7.08 倍和 6.96 倍（图 5-14B）。

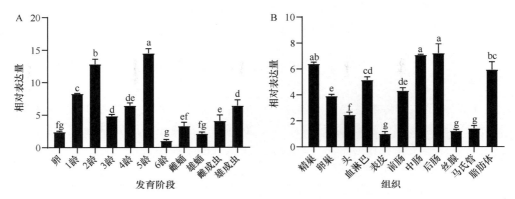

图 5-14　舞毒蛾各发育阶段（A）和组织（B）中 *DHR* 基因表达特异性（Pang et al.，2022）
用邓肯多重范围检验分析差异显著性，各图不含相同小写字母表示不同发育阶段或不同组织间差异显著（*P*< 0.05）。

5.2.5　*SPR* 基因发育阶段特异性分析

以舞毒蛾 3 龄的健康幼虫为试虫，进行 dsRNA 显微注射和生物测定试验。在发育期第 1 天采集卵、幼虫（1～6 龄）、蛹和成虫，用液氮快速冷冻后于–80℃保存，提取 RNA，反转录得到 cDNA，作为 qRT-PCR 的模板。采用 qRT-PCR 技术检测舞毒蛾 *SPR* 在不同发育阶段的表达情况。结果表明，不同发育阶段 *SPR* 的相对表达量在 5 龄幼虫中最低，在 6 龄幼虫中最高（为 5 龄幼虫的 42.96 倍），在雌成虫中的相对表达量是雄成虫的 5.41 倍（图 5-15）。*SPR* 在不同发育阶段的相对

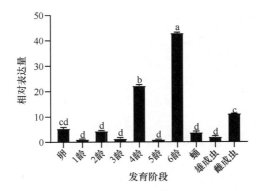

图 5-15　舞毒蛾各发育阶段 *SPR* 基因的相对表达量（Du et al.，2021）
用邓肯多重范围检验分析差异显著性，不含相同小写字母表示不同发育阶段间差异显著（*P*<0.05）。

表达量不同，除 4 龄、6 龄幼虫和雌成虫外，其余发育阶段 *SPR* 的相对表达量均低于卵期，且随幼虫的生长而发生变化。基于这种特殊的表达模式，*SPR* 可能参与了舞毒蛾龄期变化、化蛹和雌虫产卵的调控。Oh 等（2014）研究发现，在果蝇中，*SPR* 在胚胎和幼虫阶段及成年雄性的神经系统中表达；*SP* 仅在雄性生殖系统中表达，*SPR* 在雌性生殖及果蝇睡眠调控方面具有重要作用。

5.3 长寿基因响应逆境胁迫的功能分析

GPCR 是生物体内重要膜受体，通过激活三聚体 G 蛋白参与各种细胞外信号转导，在药物发掘中发挥着重要的作用。农药诱导下昆虫 *GPCR* 基因表达量会发生变化，这些变化可作为害虫对杀虫剂产生抗性的早期预警。

Lin 等（1998）研究表明，*Mth* 基因对昆虫的生长发育和抗逆境胁迫有着重要作用。黑腹果蝇 *Mth* 基因突变导致其平均寿命增加了 35%，并且增强了其自身对高温、饥饿和氧化损伤的抵抗力（Lin et al.，1998）。而 *Mth* 基因缺失的果蝇品系表现出蛹期致死，这表明 *Mth* 基因在发育中的关键功能（Lin et al.，1998；Song et al.，2002；Patel et al.，2012）。TOR 信号通路是果蝇 *Mth* 基因调节成虫寿命和抗氧化应激中的主要效应子（Wang et al.，2015）。赤拟谷盗中的 5 个 *Mthl* 对发育、寿命、抗逆性和繁殖有显著影响，而这些 *Mthl* 之间存在功能差异；Toll 和 IMD 信号通路则有可能调节赤拟谷盗 *Mthl1* 在昆虫寿命和抗逆性中的功能（Li et al.，2013a）。在花绒寄甲成虫中，*Mth* 基因在衰老、高温、饥饿和氧化的压力下表现出不同的表达模式，表明 *Mth* 基因可能在抵抗衰老、高温、饥饿和氧化的胁迫中发挥作用（Zhang et al.，2016）。

5.3.1 长寿基因对杀虫剂的胁迫响应

使用亚致死剂量溴氰菊酯（LC_{20}=15mg/L，处理 24h）处理舞毒蛾 3 龄幼虫以研究 *Mthl1* 基因对舞毒蛾逆境胁迫反应中的生理功能（Cao et al.，2019）。由图 5-16 可以看出，与对照组相比，在亚致死剂量溴氰菊酯处理后 6h、12h、24h 和 72h，溴氰菊酯均显著抑制了 *Mthl1* 基因的表达。在处理 48h 时，亚致死剂量溴氰菊酯诱导 *Mthl1* 基因表达。

5.3.2 RNAi 介导长寿基因的功能分析

利用 RNAi 技术沉默舞毒蛾 3 龄幼虫体内的 *Mthl1* 基因，研究 *Mthl1* 在舞毒

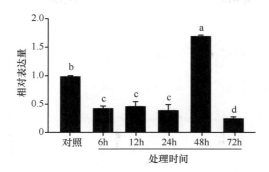

图 5-16　舞毒蛾 3 龄幼虫 *Mthl1* 基因对亚致死剂量溴氰菊酯胁迫的表达反应

用邓肯多重范围检验分析差异显著性，不同小写字母表示不同处理时间之间差异显著（$P<0.05$）。

蛾响应杀虫剂胁迫中的作用。研究结果如图 5-17 所示。与 ds*GFP* 对照组 RNAi 幼虫相比，ds*Mthl1* 处理组幼虫 *Mthl1* mRNA 表达水平显著降低，表明 *Mthl1* 可被有效沉默。15mg/L 溴氰菊酯胁迫 120h，ds*Mthl1* 处理组的累计死亡率高于 ds*GFP* 对照组的幼虫，累计死亡率达到 45.45%，而对照组的累计死亡率仅为 6.25%（表 5-1），表明 *Mthl1* RNAi 提高了舞毒蛾幼虫对低浓度溴氰菊酯胁迫的敏感性。

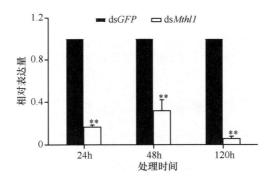

图 5-17　RNAi 对舞毒蛾 *Mthl1* 基因表达的影响

采用独立样本 *t* 检验，**表示同一处理时间处理组与对照组间差异极显著（$P<0.01$）。

表 5-1　溴氰菊酯（$LC_{20}=15mg/L$，处理 24h）对 *Mthl1* 基因沉默舞毒蛾 3 龄幼虫死亡率的影响

处理组	舞毒蛾 3 龄幼虫数/头	120h 累计死亡率/%
ds*GFP*	32	6.25
ds*Mthl1*	33	45.45

此外，本课题组还检测了 ds*Mthl1* 处理组舞毒蛾幼虫下游调控相关基因的表达水平，研究结果显示：与 ds*GFP* 对照组相比，ds*Mthl1* 处理组的舞毒蛾幼虫体内 5 个 *CYP* 基因、3 个 *GST* 基因和 8 个 *Hsp* 基因的表达水平均显著/极显著下降（图 5-18），表明这些基因可能受 *Mthl1* 调节或与 *Mthl1* 相关。

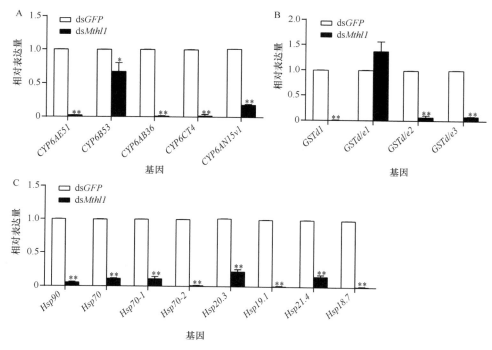

图 5-18　舞毒蛾幼虫 *Mthl1* RNAi 对抗逆相关基因表达的影响

采用独立样本 *t* 检验，*表示同一基因对照组与处理组间差异显著（$P<0.05$）；**表示同一基因对照组与处理组间差异极显著（$P<0.01$）。

5.3.3　转基因果蝇介导长寿基因的功能分析

　　转基因果蝇技术在许多领域备受青睐，它通过成熟的试验技术手段来实现外源基因的超表达，进而实现基因功能的探究。利用转基因果蝇技术异源表达舞毒蛾 *Mthl1* 的研究结果显示，过表达舞毒蛾 *Mthl1* 的转基因果蝇对溴氰菊酯的抗性增强。由图 5-19 和表 5-2 可知，转舞毒蛾 *Mthl1* 基因果蝇（*Act5×LdMthl1*）和对照组果蝇（*Act5×w1118* 和 *LdMthl1×w1118*）的平均寿命分别为 51.07d、40.37d 和 40.77d。与两种对照组果蝇品系（*Act5×w1118* 和 *LdMthl1×w1118*）相比，转舞毒蛾 *Mthl1* 基因果蝇的平均寿命分别延长了 26.50% 和 25.26%。同时，本课题组还测定了对照组和转舞毒蛾 *Mthl1* 基因果蝇成虫对溴氰菊酯的抗性能力。由图 5-20 可以看出，溴氰菊酯对转舞毒蛾 *Mthl1* 基因果蝇（*Act5×LdMthl1*）和两种对照组果蝇（*LdMthl1×w1118* 和 *Act5×w1118*）的 24h LC_{40} 分别为 0.73mg/L、0.49mg/L 和 0.46mg/L，这表明转舞毒蛾 *Mthl1* 基因果蝇（*Act5×LdMthl1*）对溴氰菊酯的抗性比对照组果蝇（*LdMthl1×w1118* 和 *Act5×w1118*）高，分别为两种对照组果蝇（*LdMthl1×w1118* 和 *Act5×w1118*）的 1.49 倍和 1.59 倍。这些结果表明，舞毒蛾 *Mthl1*

响应溴氰菊酯应激的功能是通过调节舞毒蛾中 *CYP*、*GST* 和 *Hsp* 等下游解毒或应激抗性相关基因的表达来实现的。

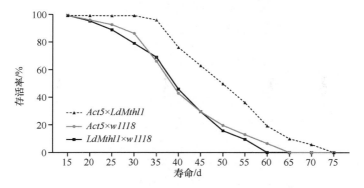

图 5-19　转基因果蝇过表达舞毒蛾 *Mthl1* 对其存活率的影响

Act5×w1118（Act5：GAL4×w1118）和 *Act5×LdMthl1*（Act5：GAL4×UAS-*LdMthl1*）的中位寿命分别为 40d 和 49d。

表 5-2　表达舞毒蛾 *Mthl* 基因的果蝇成虫寿命

处理组	致死中时间/d	平均寿命/d	最长存活期/d	平均寿命延长比例/%
Act5×LdMthl1	49.60（47.57～51.61）	51.07±5.85	63.70±5.60	—
Act5×w1118	38.39（36.25～40.56）	40.37±1.16	52.10±4.70	26.50±3.58
LdMthl1×w1118	38.98（36.89～41.06）	40.77±1.00	53.60±6.36	25.26±3.07

注："—"代表无数据，寿命未延长。

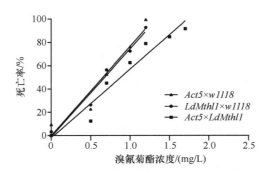

图 5-20　转基因果蝇过表达舞毒蛾 *Mthl1* 对其溴氰菊酯抗性能力的影响

5.4　眼白化病 Ⅰ 型基因响应杀虫剂胁迫的功能分析

谷学英等（2009）研究发现，人和小鼠 *OA1* 单基因突变会导致黑色素生物合成减少或完全缺乏，引起眼白化病，临床表现为眼、皮肤、毛发黑色素缺乏和弱视等。黑色素是昆虫的主导色素，在昆虫的体色决定过程中发挥着重要的作用（Wittkopp et al.，2003）。OA1 蛋白可能也参与昆虫体内黑色素的代谢通路，*OA1*基因的表达或突变可能引起昆虫眼和表皮的白化现象。

5.4.1　眼白化病Ⅰ型基因对杀虫剂的胁迫响应

本课题组研究了溴氰菊酯、甲萘威和氧化乐果 3 种杀虫剂对舞毒蛾 3 龄幼虫*OA1*基因表达量的影响。由图 5-21 可以看出，3 种杀虫剂处理下舞毒蛾*OA1*基因主要表现为下调表达，尤其是氧化乐果处理后所有研究的时间点基因表达均表现为抑制。3 种杀虫剂处理后，舞毒蛾*OA1*基因表达受抑制程度不同。溴氰菊酯处理早期（6h）*OA1*基因表达水平达到最低；甲萘威处理 24h *OA1*基因表达水平达到最低；氧化乐果处理 48h *OA1*基因表达水平达到最低，这可能是由于杀虫剂作为配体与舞毒蛾*OA1*膜蛋白结合，引起*OA1*结构改变，从而影响舞毒蛾黑素小体内 G 蛋白激活而使信息传导受阻。但有关农药胁迫是否导致舞毒蛾*OA1*基因突变，还有待进一步研究。

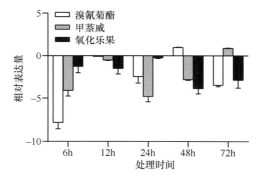

图 5-21　3 种杀虫剂胁迫对舞毒蛾*OA1*基因相对表达量的影响（曹传旺等，2014）

表达量进行了 $\log_2$ 转化。

5.4.2　RNAi 介导的眼白化病Ⅰ型基因的功能研究分析

Sun 等（2016，2019）通过 RNAi 技术研究了*OA1*沉默对舞毒蛾特性的影响，以及舞毒蛾幼虫对溴氰菊酯胁迫的响应，试验结果表明：用 dsOA1 显微注射的舞毒蛾幼虫的累计死亡率高于对照组（ddH₂O 和 dsGFP）。然而，dsOA1 处理组舞毒蛾 4 龄幼虫的发育时间比 ddH₂O 对照组的长，与 dsGFP 对照组的相同。Sun 等（2016，2019）研究还发现，舞毒蛾幼虫*OA1*沉默与体重有关。由图 5-22 可以看出，*OA1*沉默 6d 内，沉默的舞毒蛾幼虫的体重分别显著低于对照组（ddH₂O 和

ds*GFP*）相应处理时间幼虫的体重。然而，在第 7 天和第 8 天，沉默的舞毒蛾幼虫的体重高于 ddH$_2$O 组幼虫。

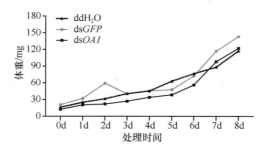

图 5-22　*OA1* 基因沉默对舞毒蛾幼虫体重的影响（Sun et al.，2016）

OA1 基因沉默对舞毒蛾幼虫营养利用的影响研究显示：沉默 *OA1* 的舞毒蛾幼虫的相对生长率、食物利用率和食物转化率高于对照组（ddH$_2$O 和 ds*GFP*）幼虫。然而，ds*OA1* 处理组舞毒蛾幼虫的相对取食率和近似消化率低于对照组（ddH$_2$O 和 ds*GFP*）幼虫（表 5-3）。

表 5-3　*OA1* 基因沉默对舞毒蛾营养利用的影响

处理组	累计死亡率/%	4 龄发育历期/d	相对生长率/%	相对取食率/%	食物利用率/%	食物转化率/%	近似消化率/%
ddH$_2$O	15	5.0	165.32±19.23a	16.54±5.24a	11.24±5.58a	12.32±6.23a	91.96±4.43a
ds*GFP*	20	5.5	159.22±10.75a	15.30±3.73a	10.96±2.71a	12.00±3.15a	91.70±2.35a
ds*OA1*	50	5.5	169.33±18.94a	14.20±8.01a	15.42±8.01a	17.98±9.83a	87.97±6.03a

注：采用 SPSS 软件进行单因素方差分析和用邓肯多重范围检验进行差异显著性分析，同列相同小写字母表示不同处理组间差异不显著（*n*=20，*P*≥0.05）。

使用亚致死剂量的溴氰菊酯（LC$_{20}$=15mg/L）处理 ds*OA1* 处理组和 ds*GFP* 对照组的舞毒蛾幼虫。在溴氰菊酯的胁迫下，无论是 ds*GFP* 对照组还是 ds*OA1* 处理组，*OA1* 基因的表达均受到抑制（ds*GFP* 对照组 72h 和 ds*OA1* 处理组 48h 除外）（图 5-23）。胁迫 120h 内，ds*OA1* 处理组 *OA1* 的转录水平显著低于 ds*GFP* 对照组（48h 除外），随着时间的延长，*OA1* 的表达水平持续下降。用 ds*OA1* 处理的舞毒蛾幼虫的存活率显著低于用 ds*GFP* 处理的舞毒蛾幼虫的存活率（图 5-24）。这些结果表明，抑制 *OA1* 的表达降低了舞毒蛾对溴氰菊酯的解毒能力，推测 *OA1* 基因参与了舞毒蛾对溴氰菊酯的解毒通路。

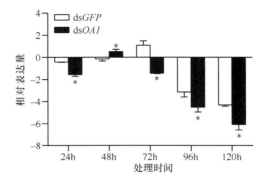

图 5-23　舞毒蛾 *OA1* 基因沉默后溴氰菊酯对 *OA1* mRNA 表达的影响

采用独立样本 *t* 检验，*表示同一处理时间对照组和处理组间差异显著（$P < 0.05$）。

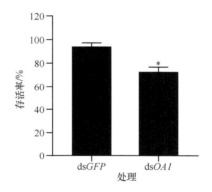

图 5-24　溴氰菊酯胁迫 120h 舞毒蛾幼虫的累计存活率

采用独立样本 *t* 检验，*表示对照组和处理组间差异显著（$P < 0.05$）。

本课题组选择 11 个细胞色素 *P450* 基因检测了溴氰菊酯对 ds*OA1* 处理组舞毒蛾幼虫下游细胞色素 P450 表达的影响。由图 5-25 可以看出，除 *CYP4M34* 和 *CYP6B53* 外，与 ds*GFP* 对照组幼虫相比，*OA1* RNAi 幼虫在溴氰菊酯胁迫下 9 个细胞色素 *P450* 基因的表达显著降低。这表明，*OA1* 沉默降低了舞毒蛾幼虫对溴氰菊酯的耐受性，并在溴氰菊酯的胁迫下抑制了细胞色素 *P450* 基因的表达。细胞色素 P450 是极其重要的解毒酶，并且在异种生物适应中起重要作用（Li et al.，2007；Liu and Zhu，2011；Feyereisen，2012；Zhu et al.，2016；Zhang et al.，2018）。无论作用方式如何，细胞色素 P450 介导的解毒作用都是一种普遍机制，有助于抵抗各种农药和天然毒素（Scott et al.，1998；Feyereisen，2012；Zhu et al.，2013）。因此，了解支持 P450 介导的外源性解毒调节的遗传机制将有助于开发新的害虫控制策略（Misra et al.，2011；Zhu et al.，2014）。

此外，本课题组还研究了 *OA1* 基因沉默后舞毒蛾幼虫对溴氰虫酰胺的敏感程度。溴氰虫酰胺胁迫 120h，*OA1* 基因沉默舞毒蛾幼虫死亡率为 39.29%，为 ds*GFP*

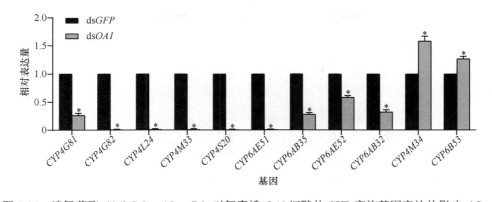

图 5-25　溴氰菊酯（24h LC$_{20}$=15mg/L）对舞毒蛾 *OA1* 沉默体 CYP 家族基因表达的影响（Cao et al.，2015）

用 qRT-PCR 测定注射绿色荧光蛋白 dsRNA（ds*GFP*）和注射舞毒蛾 *OA1* dsRNA（ds*OA1*）的舞毒蛾 3 龄幼虫的稳态 *CYP* 转录水平。采用独立样本 *t* 检验，*表示同一基因两处理组间差异显著（$P<0.05$）。

对照组的 2.85 倍，敏感性提高了 15.96%。溴氰虫酰胺胁迫 ds*OA1* 处理组舞毒蛾幼虫 *OA1* 基因的表达水平如图 5-26 所示。ds*OA1* 处理组 *OA1* 基因的转录水平随胁迫时间的延长呈抑制—激活—抑制的模式，120h 的转录水平显著降低，在处理 24h 时，溴氰虫酰胺显著抑制 *OA1* 基因表达，随后 *OA1* 基因出现明显的诱导上调表达，ds*OA1* 处理组和 ds*GFP* 对照组均在 48h 达到峰值，胁迫后期，ds*OA1* 处理组目的基因的相对表达量显著低于 ds*GFP* 对照组，120h ds*OA1* 处理组的表达量下调。

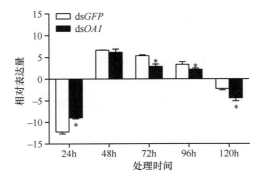

图 5-26　*OA1* 基因沉默后溴氰虫酰胺对舞毒蛾 *OA1* mRNA 表达的影响（孙丽丽等，2016）

采用独立样本 *t* 检验，*表示同一处理时间两个处理组间差异显著（$P<0.05$）。

5.4.3　异源表达眼白化病 I 型基因功能分析

Sun 等（2016）将舞毒蛾 *OA1* 基因导入黑腹果蝇，构建了转舞毒蛾 *OA1* 果蝇品系，以进一步研究舞毒蛾 *OA1* 基因。如图 5-27 所示，转舞毒蛾 *OA1* 基因果蝇的眼睛为红色。

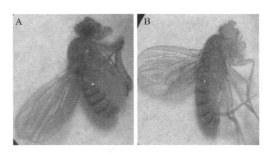

图 5-27　转基因和非转基因果蝇品系表现型（彩图请扫封底二维码）

A. 转舞毒蛾 *OA1* 基因果蝇；B. 非转基因果蝇。

　　Sun 等（2019）对异源表达舞毒蛾 *OA1* 的果蝇进行溴氰菊酯毒性测定，结果表明，转 *OA1* 的果蝇溴氰菊酯耐受性显著增强。由表 5-4 可知，对照组果蝇和转舞毒蛾 *OA1* 基因果蝇的溴氰菊酯 24h LC$_{50}$ 分别为 3.97mg/L 和 8.03mg/L，过表达 *OA1* 基因的果蝇对溴氰菊酯的耐受性为对照组 2.02 倍。

表 5-4　溴氰菊酯对 *OA1* 过表达组和对照组果蝇的 24h 毒力

处理组	果蝇	果蝇数量/头	LC$_{50}$（95%置信区间）/（mg/L）	LC$_{20}$（95%置信区间）/（mg/L）	斜率±标准误	χ^2	df
对照组	*UAS-LdOA1>w1118*	240	3.97（3.19～4.79）	1.94（1.36～2.49）	2.70±0.31	5.93	19
OA1 过表达组	*Act5>UAS-LdOA1*	240	8.03（5.11～12.40）	4.08（3.01～5.02）	2.86±0.37	16.56	19

5.4.4　眼白化病Ⅰ型基因调控下游基因表达功能分析

5.4.4.1　转舞毒蛾 *OA1* 基因果蝇 *GST* 基因对溴氰菊酯胁迫的响应

　　为了进一步研究舞毒蛾 *OA1* G 蛋白偶联受体对下游效应分子解毒酶的调控作用，本课题组采用 qRT-PCR 比较研究了表达舞毒蛾 *OA1* 基因果蝇 *GST Delta* 家族基因表达量及对溴氰菊酯胁迫的影响。

　　由图 5-28 可以看出，转基因果蝇品系中 *Delta* 家族的 9 个 *GST* 基因（不含 *GSTd4* 和 *GSTd7*）均表现为上调，而 *GSTd4* 和 *GSTd7* 相对表达量表现为下调。表明外源舞毒蛾 *OA1* 基因可能参与了下游 *GST* 基因表达的调控。

　　由图 5-29A 可以看出，低浓度溴氰菊酯（1.77μg/ml）胁迫 72h，非转基因果蝇品系 *GST Delta* 家族基因显著下调表达（12h、24h 和 48h *GSTd1*，6h *GSTd6*，

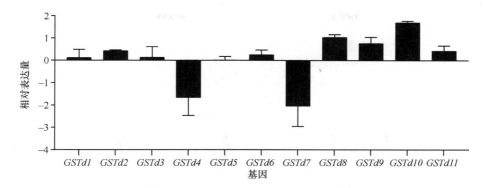

图 5-28　转基因果蝇 *GST* 的相对表达量（Sun et al.，2016）

表达量进行了 $\log_2$ 转化，本章后同。

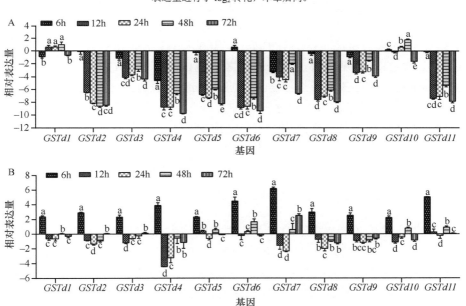

图 5-29　溴氰菊酯对非转基因和转基因果蝇 *GST* 相对表达量的影响（Sun et al.，2016）

A. 转舞毒蛾 *OA1* 基因果蝇品系；B. 非转基因果蝇品系。用邓肯多重范围检验分析差异显著性，不含相同字母表
示同一基因不同处理时间之间差异显著（$P<0.05$）。

以及 6h、24h 和 48h *GSTd10* 除外）。胁迫 6h，非转基因果蝇 *GSTd6* 和 *GSTd10* 基因被显著诱导激活，其他 *GST* 基因被显著抑制。胁迫 12～72h，*GSTd2*、*GSTd4*、*GSTd5*、*GSTd6*、*GSTd8*、*GSTd11* 抑制率均显著提高，而在 72h *GSTd1*～*GSTd11* 的表达水平均显著下调。

　　转舞毒蛾 *OA1* 基因果蝇 *GST Delta* 家族基因的相对表达量显著高于非转基因果蝇（图 5-29B）。胁迫 6h，*GST* 基因被显著诱导激活，表达量为非转基因果蝇的 3.98～

687.40 倍；胁迫 72h，*GSTd1*～*GSTd11* 基因的表达量分别为非转基因果蝇的 1.28～588.13 倍。由图 5-29 可知，溴氰菊酯胁迫下转基因和非转基因果蝇 *GST* 表达量变化趋势基本一致。溴氰菊酯胁迫下，非转基因果蝇 *GST* 基因主要表现出显著的下调表达，而转舞毒蛾 *OA1* 基因果蝇 *GST* 基因的表达水平以诱导增加为主。

GST 作为昆虫解毒酶系之一，是一类以二聚体形式普遍存在于需氧生物体的多功能的超家族酶，具有对异源物质的解毒代谢、抗氧化应激、参与激素的胞内运输和合成等生物功能（Vontas et al.，2001；Berrueco et al.，2010；Low et al.，2010；Martinez-Garcia et al.，2010；Falletta et al.，2014）。大量的研究显示，昆虫 *GST Delta* 家族基因主要参与杀虫剂抗性，特别是对有机磷、有机氯和拟除虫菊酯类杀虫剂的代谢脱毒。例如，冈比亚按蚊中 *GST Delta* 家族基因显示有代谢滴滴涕（DDT）活性的功能（Oakley et al.，2001；Chen et al.，2003；Enayati et al.，2005；Udomsinprasert et al.，2005；Wang et al.，2008）。Sun 等（2016）构建的转舞毒蛾 *OA1* 基因果蝇品系中 *GST Delta* 家族基因（*GSTd4* 和 *GSTd7* 除外）均上调表达；而低浓度溴氰菊酯胁迫下，转舞毒蛾 *OA1* 基因果蝇 *GST Delta* 家族基因表达显著高于非转基因果蝇。这些结果表明，舞毒蛾 *OA1* 基因能够影响下游 *GST* 基因的表达，并通过增加 *GST* 的表达量增加对溴氰菊酯的解毒能力，但有关 OA1G 蛋白偶联受体介导的具体通路调控下游效应因子表达还有待进一步研究。这些初步研究结果丰富了昆虫 *OA1* 基因功能，同时为挖掘新作用靶标创制杀虫剂防治害虫提供了理论依据。

5.4.4.2 转舞毒蛾 *OA1* 基因果蝇 *Hsp* 基因对溴氰菊酯胁迫的响应

本课题组检测了转舞毒蛾 *OA1* 基因对果蝇体内 *Hsp* 家族基因表达量及对溴氰菊酯胁迫的影响。由图 5-30 可以看出，在转舞毒蛾 *OA1* 基因果蝇中，*Hsp23*、*Hsp26*、*Hsc70-3* 和 *Hsp83* 的变异趋势是一致的。*Hsp* 基因（*Hsp22* 除外）的表达在转舞毒蛾 *OA1* 基因果蝇中主要上调，为对照果蝇表达的 1.12～23.00 倍。使用溴氰菊酯进行处理后，对照组果蝇中的 *Hsp* 基因，包括 *Hsp22*、*Hsp26*、*Hsp27* 和 *DnaJ*，在 72h 内被下调（图 5-31A）。具体来说，*Hsp22* 的表达水平是对照的 0.001～0.045 倍。然而，包括 *Hsc70-3* 和 *Hsp23* 在内的几个基因在果蝇中表达水平表现为在初始暴露后上调，然后下调。在 6h，*Hsc70-5* 和 *Hsp83* 下调，而 *Hsp23* 和 *Hsc70-3* 上调。*Hsp* 基因（*Hsp22* 和 *DnaJ* 除外）在 48h 时间点的表达水平均上调，其表达水平是 6h 时间点的 3.18～20.18 倍。

Hsp 是几乎所有生命形式（包括昆虫）均含有的一组细胞蛋白。一旦细胞或生物体经受各种类型的环境压力，如热、冷、干燥、缺氧和环境污染物，Hsp 就会迅速合成（Shim et al.，2006；Yoshimi et al.，2009；Wang et al.，2012）。*Hsp*

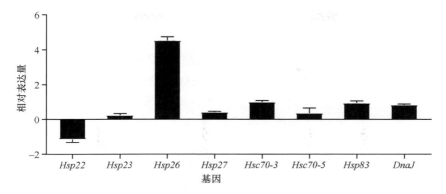

图 5-30 转舞毒蛾 *OA1* 基因果蝇中 *Hsp* 基因的表达水平（Sun et al.，2016）

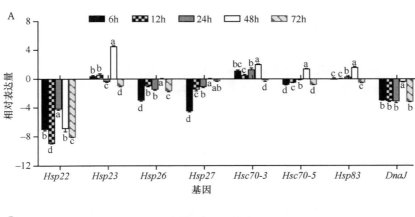

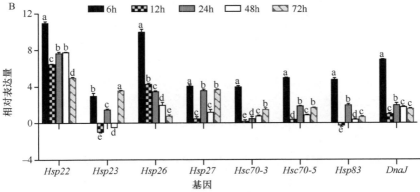

图 5-31 溴氰菊酯对非转基因和转舞毒蛾 *OA1* 基因果蝇 *Hsp* 基因表达的影响（Sun et al.，2016）

A. 非转基因果蝇；B. 转舞毒蛾 *OA1* 基因果蝇。用邓肯多重范围检验分析差异显著性，不含相同小写字母表示同
一基因的相对表达量在不同处理时间点间差异显著（$P<0.05$）。

基因在生物体内作为分子伴侣发挥作用，在发挥作用过程中保护细胞蛋白质，参与蛋白质生物合成，包括识别和结合未折叠和非天然蛋白质（Cooray et al.，2009）。研究表明，保留在内质网中的几种野生型和突变型 GPCR 的加工和成熟可以使药理学伴侣的小膜渗透性增强（Morello et al.，2000；Noorwez et al.，2003）。

由图 5-31 可以看出，*Hsp23*、*Hsp26*、*Hsp27*、*Hsc70-3*、*Hsc70-5*、*Hsp83* 和 *DnaJ* 基因在转舞毒蛾 *OA1* 基因果蝇中上调，这种上调可能是过表达舞毒蛾 *OA1* 调节 *Hsp* 基因的结果。有趣的是，*Hsp22*、*Hsp26*、*Hsp27*、*Hsc70-5* 和 *DnaJ* 的表达在对照组的果蝇中下调（除 48h *Hsc70-5* 外），但 72h 期间在溴氰菊酯胁迫下，它们在过表达舞毒蛾 *OA1* 果蝇中显著表达上调。在溴氰菊酯胁迫下，过表达舞毒蛾 *OA1* 果蝇中的 *Hsp22* 显著上调，而对照组果蝇中 *Hsp22* 的表达水平显著下调。因此，推测可能是过表达舞毒蛾 *OA1* 基因激活了细胞内信号通路，从而导致 Hsp 蛋白过量表达以响应外源化合物的胁迫，缓解细胞应激反应，保护细胞免于凋亡，维持细胞正常构造。以前的研究表明，*Hsp22* 在保护细胞免受损伤和衰老方面起着重要作用（Morrow et al.，2004；Magdalena et al.，2012）。非转基因果蝇中的 *Hsc70-3*、*Hsc70-5* 和 *Hsp83* 在溴氰菊酯胁迫下表现出波动的转录谱，但在溴氰菊酯胁迫下，它们在转舞毒蛾 *OA1* 基因果蝇中普遍显著上调表达，这表明舞毒蛾 OA1 作为伴侣蛋白折叠参与了 Hsc70 和 Hsp83 以应对环境压力。至于 DnaJ 蛋白，ATP 的水解由 DnaJ/Hsp40 控制，将底物锁定到 *Hsp70* 的底物结合腔中（Minami et al.，1996）。DnaJ/Hsp40 可以帮助 *Hsc70* 在体外翻译系统中从头折叠蛋白质（Frydman et al.，1994），并且与 *Hsc70* 一起，可以保护蛋白质免受热和化学诱导的体外聚集（Frydman and Höhfeld，1997）。

5.4.4.3 转舞毒蛾 *OA1* 基因果蝇 *P450* 基因的表达

舞毒蛾 *OA1* 可能在细胞色素 *P450* 基因介导的代谢解毒中发挥重要作用（Sun et al.，2019）。为此，本课题组检测了过表达舞毒蛾 *OA1* 的果蝇细胞色素 *P450* 基因的表达情况。结果显示，在 7 个 *P450* 基因中，与 *UAS-LdOA1>w1118* 对照组相比，*Cyp4ac3*、*Cyp6a2*、*Cyp6a9*、*Cyp6g1* 和 *Cyp6w1* 在过表达舞毒蛾 *OA1* 的果蝇中显著上调（图 5-32），而其中一些基因，如 *Cyp6a2*、*Cyp6g1* 和 *Cyp6w1*，已被证明与果蝇种群杀虫剂抗性或与外源性代谢有关（Daborn et al.，2002；Battlay et al.，2016；Denecke et al.，2017；Seong et al.，2018；Huang et al.，2019）；*Cyp4e2* 和 *Cyp6a8* 基因的表达水平在过表达舞毒蛾 *OA1* 果蝇和对照组果蝇之间无显著差异。

总之，舞毒蛾 *OA1* 基因可能通过调节 *P450*、*GST* 和 *Hsp* 等下游解毒或应激抗性相关基因的表达参与调节溴氰菊酯耐受性。这些研究结果进一步丰富了对昆虫 GPCR 功能的认识，舞毒蛾 *OA1* 基因有可能成为舞毒蛾防治的新靶标基因。

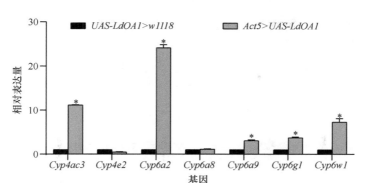

图 5-32　舞毒蛾 *OA1* 过表达果蝇（*Act5>UAS-LdOA1*）中 *CYP* 基因的相对表达水平
将数据标准化为两个最稳定的参考基因 *RpL32* 和 *ABP* 的表达量。采用独立样本 *t* 检验，*表示同一基因对照组和处理组间差异显著（*P*<0.05）。

5.5　鞣化激素基因参与翅形成的功能分析

昆虫是唯一有翅的无脊椎动物。翅有利于昆虫的觅食、求偶、躲避捕食者和种群迁飞等行为。鞣化激素 Bursicon 的功能在许多昆虫中均有报道，如家蚕（Huang et al.，2007）、烟草天蛾（Reynolds et al.，1979；Taghert and Truman，1982a，1982b）、家蝇（*Musca domestica*）（An et al.，2009）、意大利蜜蜂（Costa et al.，2016）、埃及伊蚊（*Aedes aegypti*）（Zhang et al.，2017）和东方黏虫（*Mythimna separata*）（Kong et al.，2021）。利用 RNAi 技术介导的 *Burs-α* 和 *Burs-β* 抑制了意大利蜜蜂成虫表皮的鞣化和翅展（Costa et al.，2016）。注射 *Burs-α* 的家蚕展翅失败，但在该沉默体中没有观察到明显的表皮鞣化的表型（Huang et al.，2007）。*Bursicon* 表达水平的降低会导致鞘翅褶皱，而对表皮的黑化没有影响（Arakane et al.，2008）；小菜蛾取食含有 *Burs-α* 和 *Burs-β* 的 dsRNA 的饲料后，存在表皮黑化和翅缺陷的表型，蛹期发育严重延迟，在羽化前死亡（Ma et al.，2013）；家蚕的雌成虫注射 dsBursicon 后，产卵量显著减少（Yang et al.，2021）。在黑腹果蝇中，*Burs-α* 基因会严重影响黑腹果蝇肠道形态与功能，而 *Burs-β* 基因则不会发挥作用（Scopelliti et al.，2016）。总之，鞣化激素 *Bursicon* 在不同昆虫体内会发挥不同的生理功能。

Zhang 等（2022）利用 RNAi 研究了 *Bursicon* 的生物学功能。根据舞毒蛾 *Bursicon* 的 cDNA 序列设计含有 T7 启动子序列的基因特异性引物，合成 *Bursicon* 的 dsRNA。以注射绿色荧光蛋白（*GFP*）基因的 dsRNA 为对照，用显微注射器向蛹期第 1 天的舞毒蛾注射 15μg（约 2μl）dsRNA。3 种 dsRNA 处理包括 ds*Burs-α*、ds*Burs-β* 和 ds*Burs-α*+ds*Burs-β*（7.5μg ds*Burs-α* 和 7.5μg ds*Burs-β* 的混合物）。每组处理 60 只雌蛹和 60 只雄蛹，于成虫羽化第 1 天，从每组中选择 3 只雌成虫和 3 只雄成虫进行沉默效率检测，统计羽化率，观察记录畸形情况，并统计表型率。对羽化第 1 天的成虫注射 dsBursicon，与注射 dsGFP 的对照组相比，舞毒蛾雄成虫和雌成虫中 Bursicon 的表达水平显著降低。在 Burs-α 被沉默的雄成虫和雌成虫中，Burs-α 的 mRNA 表达水平分别降低了 59.18% 和 79.46%（图 5-33A），而在 Burs-β 沉默的雄成虫和雌成虫中，Burs-β 的 mRNA 表达水平分别降低了 42.26% 和 67.88%（图 5-33B）。当 Burs-α 和 Burs-β 同时被沉默时，雄虫 Burs-α 的沉默效率为 73.97%，雌虫的沉默效率为 76.62%，而雄虫 Burs-β 的沉默效率为 61.84%，雌虫的沉默效率为 57.26%（图 5-33）。dsBurs-α 处理组、dsBurs-β 处理组和 dsBurs-α+dsBurs-β 处理组的雄虫羽化率分别为 66.20%（n=71）、75.81%（n=62）和 85.25%（n=61），dsGFP 对照组的雄虫羽化率为 86.67%（n=60）；dsBurs-α 处理组、dsBurs-β 处理组、dsBurs-α+dsdBurs-β 处理组和 dsGFP 对照组的雌虫羽化率分别为 74.60%（n=60）、73.33%（n=63）、65.00%（n=60）和 91.67%（n=60）（图 5-34）。

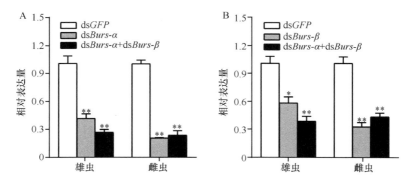

图 5-33　舞毒蛾 Burs-α（A）和 Burs-β（B）基因在舞毒蛾雌性和雄性成虫中的沉默效率
采用独立样本 t 检验，*表示同一性别不同处理组间差异显著（$P<0.05$）；**表示同一性别不同处理组间差异极显著（$P<0.01$）。

与 dsGFP 处理的对照组相比，dsBursicon 处理组舞毒蛾成虫的翅出现各种缺陷，翅缺损主要包括短翅、折叠翅和后翅缺失（图 5-35）。在 dsGFP 对照组、dsBurs-α 处理组、dsBurs-β 处理组和 dsBurs-α+dsBurs-β 处理组中，存活雄成虫翅畸形的比例分别为 1.92%、29.79%、6.38% 和 42.31%；dsGFP 对照组、dsBurs-α 处理组、dsBurs-β 处理组和 dsBurs-α+dsBurs-β 处理组中，存活雌成虫翅畸形的比例分别为 3.64%、61.70%、54.55% 和 69.23%（图 5-34）。

此外，本课题组采用注射 siRNA 进行 Bursicon 基因沉默，筛选并合成舞毒蛾 Burs-α 和 Burs-β 基因的 3 个 siRNA 靶点，以及阴性对照（NC）siRNA（表 5-5）。将 siRNA 溶解在 62.5μl DEPC 水中，配制成 1μg/μl 的浓度。使用微量进样器

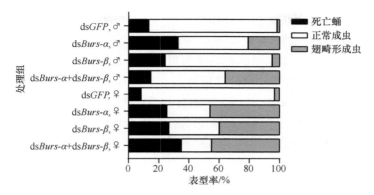

图 5-34　不同处理下舞毒蛾的表型率

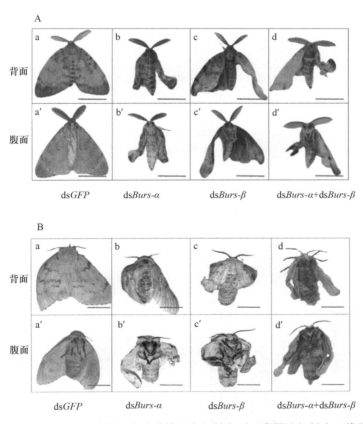

图 5-35　ds*Bursicon* 处理后舞毒蛾雌雄成虫翅的表型（彩图请扫封底二维码）

向 3 龄第 1 天的舞毒蛾幼虫注射 0.5μg 的 siRNA 溶液，对照组同时等量注射。48h 后，收集幼虫并储存在−80℃用于 RNA 提取。每个重复中包括 10 头舞毒蛾幼虫，每个处理进行 3 次重复。根据每个时间点的 qRT-PCR 检测结果来选择 siRNAs。

使用微量注射器向舞毒蛾老熟幼虫注射 1.0μg 沉默效率最高的 siRNA 靶点，对照组同时等量注射，每个处理组使用 60～70 头老熟幼虫。化蛹或羽化后，观察蛹和成虫的表型，统计各组死亡率。在羽化的第 1 天，每组取 3 只雄成虫和 3 只雌成虫通过 qRT-PCR 检测沉默效率。结果显示，*Burs-α-69*（si*Burs-α*）和 *Burs-β-283*（si*Burs-β*）分别是 *Burs-α* 和 *Burs-β* 的最佳靶点（图 5-36），因此，分别选择靶点 si*Burs-β-69* 和 si*Burs-α-283* 进行后续的老熟幼虫 RNAi 试验。与对照组相比，注射 si*Bursicon* 的部分蛹在蛹期表现出异常，表现出未展翅、短翅和翅颜色较浅等翅缺陷的表型（图 5-37）。所有表型异常的蛹羽化前均死亡。与对照组相比，在羽化的第 1 天，处理组中 *Bursicon* 的表达量极显著下调（图 5-38）。注射了 si*Burs-α* 的雄成虫和雌成虫中的 *Burs-α* 表达水平分别降低了 68.75% 和 80.00%（图 5-38A）。注射 si*Burs-β* 后，雄成虫和雌成虫中 *Burs-β* 的表达水平分别降低了 59.95% 和

表 5-5　试验中使用到的 siRNA 引物

处理组	靶点	上游引物序列（5′–3′）	下游引物序列（5′–3′）
Burs-α	*Burs-α-69*	GCCAGUAAGGGCGCAAUCATT	UGAUUGCGCCCUUACUGGCTT
	Burs-α-187	GCCUGUAUCGGAAAGUGUATT	UACACUUUCCGAUACAGGCTT
	Burs-α-377	GCAGACCAUGUGGUAGUAUTT	AUACUACCACAUGGUCUGCTT
Burs-β	*Burs-β-166*	GGAGAAGUCACUGUCAAUATT	UAUUGACAGUGACUUCUCCTT
	Burs-β-283	GAACGUUUAGUUACCCUAATT	UUAGGGUAACUAAACGUUCTT
	Burs-β-371	GGGAACCAGAUGACUGCAATT	UUGCAGUCAUCUGGUUCCCTT
阴性对照（NC）组	—	UUCUCCGAACGUGUCACGUTT	ACGUGACACGUUCGGAGAATT

注："—"代表没有具体靶点名称。

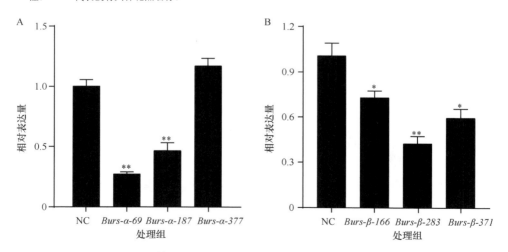

图 5-36　注射 si*Burs-α*（A）和 si*Burs-β*（B）的基因沉默效率
采用独立样本 *t* 检验，*表示不同处理间差异显著（$P<0.05$）；**表示不同处理组间差异极显著（$P<0.01$）。

57.59%（图 5-38B）。与对照组相比，在注射 si*Bursicon* 的成虫中也观察到了翅缺陷，前翅和后翅更短（图 5-39）。对照组中的所有雄成虫和雌成虫均能展翅，而 si*Burs-α* 处理组和 si*Burs-β* 处理组中存活的雄成虫的翅异常率分别为 57.69%和 39.13%，雌成虫的翅异常率分别为 35.67%和 30.00%（图 5-40）。

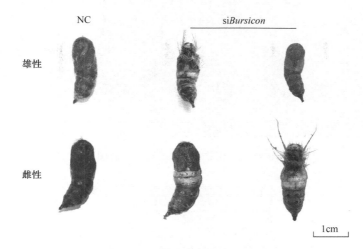

图 5-37　si*Bursicon* 处理后舞毒蛾蛹的表型（彩图请扫封底二维码）

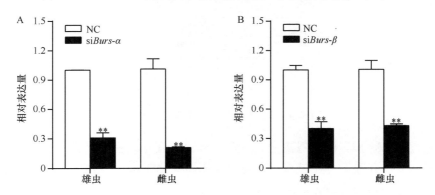

图 5-38　注射 si*Burs-α*（A）和 si*Burs-β*（B）的基因沉默效率

采用独立样本 *t* 检验，*表示同一性别对照组与处理组差异显著（*P*＜0.05）；**表示同一性别对照组与处理组差异极显著（*P*＜0.01）。

试验结果表明，注射 si*Bursicon*（si*Burs-α* 或 si*Burs-β*）的舞毒蛾蛹出现无法完全蜕皮、翅缩短和翅透明等现象。si*Burs-α* 处理组和 si*Burs-β* 处理组中雄蛹的畸形率分别为 15.00% 和 10.17%，这些畸形蛹均无法羽化。此外，注射 ds*Bursicon* 的舞毒蛾蛹的羽化率低于对照组，RNAi 处理后的成功羽化的成虫存在翅异常的表型，这表明 si*Bursicon* 与舞毒蛾成虫的翅发育有关。本研究对舞毒蛾 *Bursicon*

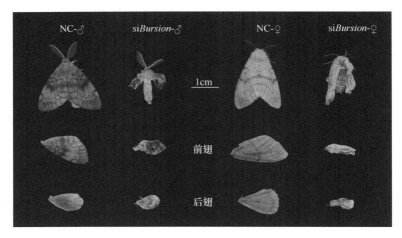

图 5-39 si*Bursicon* 处理后舞毒蛾成虫的表型（彩图请扫封底二维码）

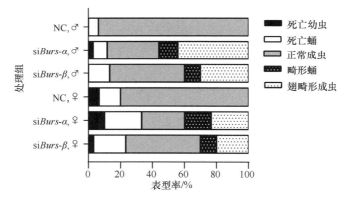

图 5-40 注射 siRNA 后舞毒蛾的表型率

基因进行 RNAi 后，蛹或成虫阶段未观察到表皮硬化或色素沉着的缺陷。这些观察结果表明，并非所有昆虫表皮的鞣化都需要鞣化激素，而 *Bursicon* 在舞毒蛾翅展中的重要作用是毋庸置疑的，该基因可作为防治舞毒蛾的一个重要目的基因。我们未来的工作将会集中于探索鞣化激素调节翅展的分子机制。

5.6 利尿激素受体基因调控逆境胁迫的功能分析

CRF 类利尿激素受体（CRF/DHR）属于 GPCR 的 B1 家族，是调节水和离子平衡的神经肽受体之一（Lee et al.，2016）。利尿激素及其受体的机制和功能已被证实在黑腹果蝇的排泄、进食及体内水分和离子平衡中起作用（Nässel and Zandawala，2019）。体外结合试验表明，G 蛋白偶联受体 BNGR-B1 与 DH31 具有非常高的亲和力，BNGR-B1 和 DH31 的结合可导致 cAMP 水平增加。DH31 与 BNGR-B1 受体结合可激活腺苷酸环化酶，促进生成 cAMP，从而快速诱导马氏管的排泄（Iga and Kataoka，2015）。在黑腹果蝇的一组腹部神经分泌系统中，每个腹腔神经分泌细胞（ABLKs）中 DH44 和激肽多肽的下调都会增加虫体对干燥、饥饿和离子胁迫的耐受（Zandawala et al.，2018）。Alexander 等（2018）通过解剖神经分布、免疫组化和原位杂交定位确定了 DH31 及其受体在普通滨蟹（*Carcinus maenas*）中的分布情况，发现该蛋白可调节肌肉活动，并推测这可能与节律调控有关。

昆虫具有较大的比表面积，这使它们必须控制排泄水分的流失（Gäde，2004）。因此，通过干扰昆虫体内水分平衡从而影响昆虫内分泌的稳定成为较为热门的研究方向。为探究能否利用 DH 结合 DHR 作为防治昆虫的靶点，本课题组在舞毒蛾中克隆 *DHR* 基因，并对其特性和时空表达模式进行了研究，同时，利用 RNAi 技术研究了 *DHR* 基因对舞毒蛾生长发育的影响及 *DHR* 基因在抗逆性中的作用。

5.6.1　逆境胁迫对利尿激素受体基因表达的影响

为了进一步探究 *DHR* 基因在舞毒蛾中的作用，本课题组探究了在不利的环境胁迫下 *DHR* 基因在舞毒蛾中的表达。为测定不同逆境条件下存活的舞毒蛾幼虫体内的 *DHR* 的表达水平，本课题组随机选取每个处理 3 龄第 1 天的舞毒蛾幼虫各 20 头。高温处理时，舞毒蛾幼虫在 35℃非致死温度下饲养，分别在 24h、48h 和 72h 进行取样，并以 25℃饲养的幼虫为对照。饥饿处理时，幼虫被饲养在没有食物和水的养虫盒中让虫处于饥饿和缺水的状态，分别于 24h 和 48h 取饥饿和脱水的幼虫，并以正常饲养的 20 头舞毒蛾幼虫为对照。每个处理在不同时间点随机选取 3 头存活幼虫，提取总 RNA，每个处理重复 3 次。采用 qRT-PCR 检测不同胁迫条件下幼虫体内 *DHR* 基因的表达水平。与 25℃下饲养的正常 3 龄幼虫相比，35℃胁迫下，3 龄幼虫 *DHR* 基因表达水平在 24h、48h 和 72h 均极显著降低（图 5-41A）。饥饿处理 24h 和 48h 时，3 龄幼虫 *DHR* 基因表达水平极显著低于饥饿处理 0h 时的 *DHR* 基因表达水平。在干燥胁迫下，*DHR* 基因表达水平在 24h 显著低于 0h 处理（图 5-41B）。

5.6.2　RNAi 介导舞毒蛾利尿激素受体基因对逆境胁迫的功能分析

通过 dsRNA 介导的 *DHR* 基因敲除，本课题组研究了 3 龄舞毒蛾幼虫 *DHR* 基因在环境胁迫条件下的作用。将 1μl dsRNA 溶液用灭菌注射针微量注射到 3 龄第 1 天的舞毒蛾幼虫的腹部倒数第 2 节节间膜位置，用 1μg ds*GFP* 注射对照组的幼虫。在 48h 和 72h 后，采用 qRT-PCR 检测注射 dsRNA 的舞毒蛾幼虫体

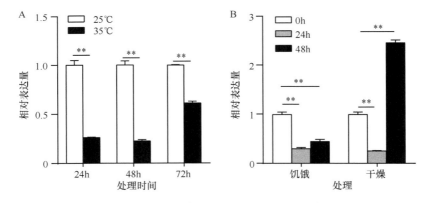

图 5-41   环境胁迫条件下 *DHR* 基因的相对表达量

A. 高温胁迫；B. 饥饿和干燥胁迫。采用独立样本 *t* 检验，*表示差异显著（$P<0.05$）；**表示差异极显著（$P<0.01$）。

内 *DHR* 基因的表达水平。每个处理用 10 头幼虫，3 次重复。96h 内每隔 24h 用 Mettler MT5 型微量分析天平记录食物和粪便的质量与昆虫的体重。每天清理粪便，更换新鲜食物。幼虫生长指标计算公式为：日摄食量=取食前饲料质量–取食后饲料质量；单个粪便质量=粪便总质量/粪便数量；体重日增长量=当前体重–24h 前体重。为测定舞毒蛾幼虫水分含量，将注射了 ds*DHR* 或 ds*GFP* 的幼虫在 80℃ 条件下脱水 48h，直至体重恒定。用 Mettler MT5 型微量分析天平对每组 30 头幼虫脱水前后进行称重，幼虫的含水率（%）=（湿重–干重）/湿重×100%（Kahsai et al.，2010）。

为了研究高温、脱水和饥饿胁迫下舞毒蛾幼虫的存活率，本课题组将 ds*DHR* 或 ds*GFP* 处理过的幼虫置于上述不利环境中饲养。每个处理用 10 头幼虫，3 次重复。120h 内每 24h 记录幼虫存活率。结果显示，与 ds*GFP* 处理相比，注射 ds*DHR* 的 3 龄幼虫在处理 48h 时 *DHR* 基因的相对表达量降低了 76.34%，说明 *DHR* 基因在 48h 时已有效沉默（图 5-42）。在 24～96h，注射 ds*DHR* 的舞毒蛾幼虫的日摄食量极显著低于 ds*GFP* 对照组的幼虫（图 5-43A）。对于粪便数量，在 24～96h，每个 ds*DHR* 处理组沉默幼虫的粪便数量和粪便总质量均极显著低于注射 ds*GFP* 的对照组幼虫（图 5-43B、C）。注射 ds*DHR* 的幼虫在 48h 和 96h 的单个粪便质量极显著低于注射 ds*GFP* 的幼虫，但在 24h 和 72h 无显著差异（图 5-43D）。然而，在 24～96h 内，注射 ds*DHR* 的幼虫的体重日增长量极显著低于注射 ds*GFP* 的幼虫（图 5-43E）。在 48h，*DHR* 沉默组的舞毒蛾 3 龄幼虫的含水率显著高于 ds*GFP* 对照组幼虫（图 5-43F）。此外，在 35℃ 胁迫 72h 条件下，注射 ds*DHR* 的幼虫存活率显著高于 ds*GFP* 对照组，但在 25℃ 时差异不显著（图 5-44A、B）。同时，注射 ds*GFP* 和 ds*DHR* 的幼虫均在 40℃ 胁迫 24h 或更长时间条件下死亡（图 5-44C）。而在饥

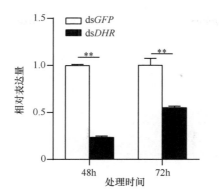

图 5-42　*DHR* 沉默效率检测

采用独立样本 *t* 检验，**表示差异极显著（*P*＜0.01）。

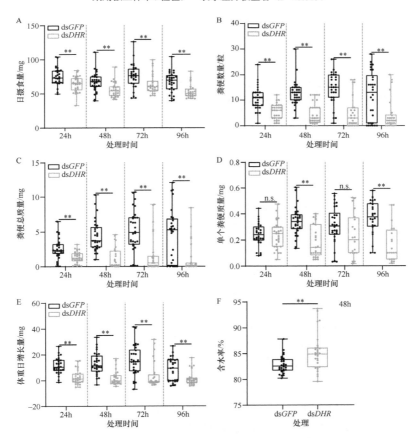

图 5-43　环境胁迫条件下，舞毒蛾 3 龄幼虫日摄食量、粪便数量、粪便质量、体重日增长量和
含水率的变化

采用独立样本 *t* 检验，**表示差异极显著（*P*＜0.01）；n.s.表示差异不显著（*P*≥0.05）。

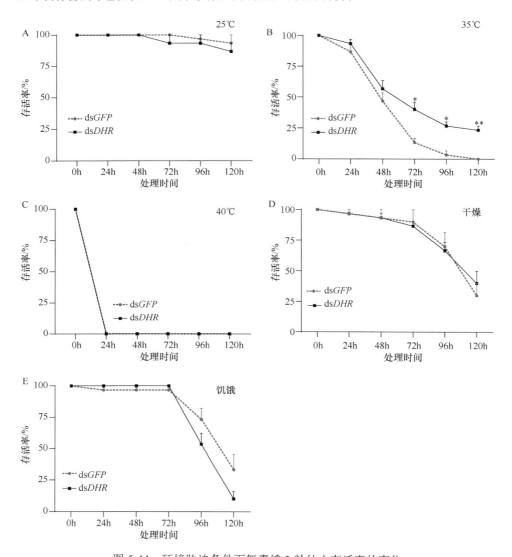

图 5-44　环境胁迫条件下舞毒蛾 3 龄幼虫存活率的变化

采用独立样本 t 检验，*表示同一处理时间对照组和处理组间差异显著（*P*<0.05）；**表示同一处理时间对照组和处理组间差异极显著（*P*<0.01）。

饿和干旱胁迫下，ds*DHR* 和 ds*GFP* 处理 3 龄幼虫的存活率无显著差异（图 5-44D、E）。

饥饿胁迫 24h 和 48h 后，*DHR* 基因表达量显著下降，说明 *DHR* 基因可能与昆虫的排泄和摄食有关。当 *DHR* 基因沉默时，舞毒蛾体内的水分含量增加，表明 *DHR* 基因可能参与调节昆虫体内的水和离子平衡。*DHR* 基因被沉默后，舞毒蛾幼虫在干旱胁迫下的存活率与对照组相比没有明显变化。本研究显示，*DHR* 基因在 35℃高温胁迫下的表达显著/极显著降低（图 5-41A），说明 *DHR* 基因可能与舞毒蛾的耐高温性有关。此外，与对照（0h）相比，在干燥 48h 条件下，*DHR* 基因的相对表达量极显著增加（图 5-41B），说明 *DHR* 基因与水分保持有关。此外，*DHR* 基因沉默的舞毒蛾 3 龄幼虫在 35℃高温下的存活率较高（图 5-44B），说明 *DHR* 基因参与了保水和耐高温的调节过程。饥饿 24h 和 48h 时，*DHR* 基因表达量极显著降低。在饥饿胁迫 72h 后，*DHR* 基因沉默的舞毒蛾幼虫存活率略低于对照组（图 5-44E）。白细胞激肽受体（*LKR*）基因沉默显著降低了舞毒蛾的饥饿耐受性（Cannell et al.，2016），而 *DHR* 沉默对舞毒蛾的饥饿耐受性几乎没有影响。但在正常摄食条件下，*DHR* 基因沉默可减少舞毒蛾摄食和排便。

本研究初步探讨了 *DHR* 基因的表达及生理功能。通过 RNAi 技术沉默 *DHR* 基因，本课题组发现舞毒蛾幼虫显著提高了其含水量和耐温性，但减少了排泄和摄食行为。综上所述，*DHR* 基因参与了舞毒蛾脱水、饥饿和耐高温过程，有可能成为舞毒蛾防治的新靶标基因。

5.7　*SPR* 基因参与发育和逆境胁迫的功能分析

GPCR 中的 SPR 通过与异源三聚体 G 蛋白结合调控下游基因。然而，SPR 在鳞翅目昆虫中的作用尚不清楚，因此，了解 SPR 在昆虫体内的生理功能是探索新的杀虫靶点的关键。

在果蝇中发现 SP 的 36 个氨基酸残基是雌性交配后反应的主要调节因子，并在交配过程中由雄性果蝇的精子和附属腺液体一起传递（Chen et al.，1988；Liu and Kubli，2003）。受 SP 诱导的雌性果蝇卵子的产生量和产出量均增加，但拒绝雄性的求偶行为（Soller et al.，1999），此外，SP 还会导致其他的行为和生理变化，如取食增加、刺激免疫、改变食物种类和睡眠模式（Peng et al.，2005；Carvalho et al.，2006；Domanitskaya et al.，2007；Isaac et al.，2010；Ribeiro and Dickson，2010）。SP 通过降低雌性果蝇对交配的感知力，增加雌性果蝇的产卵量，为雄性在精子竞争方面提供优势，从而促进雄性生殖（Chapman et al.，2003；Fricke et al.，2009；Tsuda and Aigaki，2016）。SP 的高亲和力受体已经被确定，它的存在有利于后期的物质变换，使雌雄果蝇之间易于交配，以及使雌性果蝇的产卵量增加（Yapici et al.，2008）。在果蝇物种中，*SP/SPR* 系统是高度可变的。基因组测序显示，在 12 个果蝇物种中，编码 *SP* 的基因在文氏果蝇和格里姆沙威果蝇中缺失，表明 *SP* 基因在进化过程中已经丢失，或者 *SP* 的依赖系统在这两个物种中不存在（Tsuda et al.，2015）。此外，*SP* 同源基因额外拷贝的存在，表明在某些物种中，*SP/SPR* 介导的系统得到了增强（Kim et al.，2010）。进化保守的 MIP 样肽家族是 SPR 的一种祖先配体，进化保守的 MIP 激活 SPR。在 MIP 和 SP 中，影响这种双受体激活的结构决定因素已经被表征。在果蝇中，*SPR* 在胚胎和幼虫阶段以及雄成虫的神经系统中表达；而 *SP* 仅在雄性生殖系统中表达，*SPR* 在雌性生殖和睡眠调控方面具有重要作用（Oh et al.，2014）。

本课题组之前的研究表明，*Mthl1* 在舞毒蛾长寿调节中发挥了复杂而关键的作用（Cao et al.，2019）。SP 是一个 SPR 配体，因此，本课题组推测 *SPR* 和 *MTH* 具有相似的功能。对 *SPR* 的进一步研究将加深对受体激动剂与 GPCR 之间相互作用的理解。本课题组继续对 GPCR 家族成员 SPR 的生理功能进行了研究，克隆了舞毒蛾 *SPR* 基因的全长 cDNA，并利用 RNAi 技术对 SPR 进行了功能和抗性分析，可为利用"反向药理学"方法开发新型杀虫剂提供分子靶点。

5.7.1 *SPR* 沉默对舞毒蛾幼虫生长发育的影响

本课题组采用 RNAi 技术研究了舞毒蛾 *SPR* 的功能。以舞毒蛾 *SPR* 全长 cDNA 为模板合成 dsRNA，通过将 dsRNA 显微注射到舞毒蛾 3 龄幼虫腹部的倒数第 2 节，并以注射 ds*GFP*（1μg）的幼虫为对照。然后，通过 qRT-PCR 检测显微注射 dsRNA 24h、48h、72h、96h 和 120h 后舞毒蛾幼虫体内 *SPR* mRNA 的表达水平。每个处理用 10 头幼虫，重复 3 次。结果显示，与注射 ds*GFP* 的幼虫相比，注射 ds*SPR* 48h、72h、96h 和 120h 后，幼虫的 *SPR* mRNA 表达水平显著/极显著降低，这表明 *SPR* 在舞毒蛾幼虫体内成功沉默（图 5-45）。*SPR* 基因表达在 48h 开始下降，*SPR* 基因表达的下调在 72h 时最为显著，此时其相对表达量为对照组的 14.13%；注射 ds*SPR*

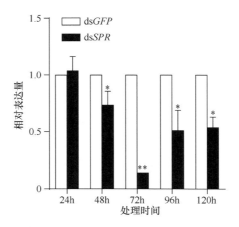

图 5-45　注射 dsRNA 后舞毒蛾 3 龄幼虫 *SPR* 基因的沉默效率

采用独立样本 *t* 检验，*表示同一处理时间对照组和处理组间差异显著（*P*＜0.05）；**表示同一处理时间对照组和处理组间差异极显著（*P*＜0.01）。

后，舞毒蛾幼虫的存活率为 87.5%，比对照组低 10%（图 5-46）；注射 ds*GFP* 的幼虫的体重累计增长率高于注射 ds*SPR* 的幼虫（表 5-6），*SPR* 基因的沉默影响了舞毒蛾幼虫的营养利用。与对照组相比，*SPR* 沉默的舞毒蛾 4 龄幼虫的相对损耗率和近似消化率较高（表 5-7），与对照组相比，*SPR* 沉默组幼虫的相对生长率、食物摄取率和食物消化率均较对照组低。推测可能是由于干扰 *SPR* 的表达而抑制了代谢，从而阻碍了舞毒蛾幼虫的生长发育。因此，*SPR* 对舞毒蛾幼虫的生长发育和代谢具有一定的调控作用。

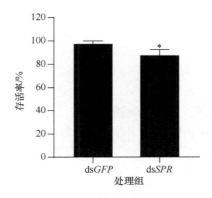

图 5-46　*SPR* 基因沉默舞毒蛾 3 龄幼虫的存活率

采用独立样本 *t* 检验，*表示不同处理组间差异显著（$P<0.05$）。

表 5-6　*SPR* 基因沉默对舞毒蛾 3 龄幼虫体重及其累计增长率的影响

饲喂天数/d	ds*GFP* 对照组幼虫		ds*SPR* 处理组幼虫	
	体重/mg	累计增长率/%	体重/mg	累计增长率/%
0	6.49±17.24a	—	6.47±0.44a	—
1	7.21±1.54a	11.09	7.00±0.36b	8.19
2	8.05±1.98a	24.04	7.10±0.32b	9.74
3	8.59±2.14a	32.36	7.76±0.97a	19.94
4	10.05±2.55a	54.85	8.75±1.27a	35.24
5	12.60±3.74a	94.14	9.57±1.30a	47.91
6	16.77±6.39a	158.40	11.16±1.48a	72.49
7	20.85±8.22a	221.26	12.44±1.60b	92.27
8	27.86±6.25a	329.28	14.23±1.63b	119.94

注："—"代表没有增长。数据是平均值±标准差。采用 SPSS 软件进行单因素方差分析和邓肯多重范围检验进行差异显著性分析，同行不同小写字母表示同一处理时间不同处理组间差异显著（$P<0.05$）。

表 5-7 *SPR* 基因沉默对舞毒蛾 4 龄幼虫营养利用的影响

处理组	4 龄发育历期/d	相对生长率/%	相对损耗率/%	食物摄取率/%	食物消化率/%	近似消化率/%
ds*GFP*	5.5	26.99±6.27a	105.28±12.83a	26.65±5.37a	39.31±12.21a	72.06±11.92a
ds*SPR*	5.5	20.37±10.00a	109.12±6.01a	17.34±8.62a	17.00±5.07a	78.56±9.21a

注：数据是平均值±标准差。采用 SPSS 软件进行单因素方差分析和邓肯多重范围检验进行差异显著性分析，同列相同小写字母表示不同处理组间差异不显著（$P \geq 0.05$）。

5.7.2 *SPR* 沉默对舞毒蛾幼虫逆境胁迫的影响

为了确定舞毒蛾幼虫 *SPR* 基因是否与抗逆性有关，本课题组将 ds*SPR* 显微注射于 3 龄幼虫，进行高温胁迫、饥饿胁迫和氧化胁迫研究。高温胁迫条件下，ds*SPR* 或 ds*GFP* 显微注射的幼虫在 36℃、相对湿度 75%、光周期 16L∶8D 的昆虫培养箱中饲养，饲喂新鲜人工饲料，每 3h 测定一次幼虫的累计死亡率。饥饿胁迫条件下，ds*SPR* 或 ds*GFP* 显微注射的幼虫在（25±1）℃、相对湿度 75%、光周期 16L∶8D 的昆虫培养箱中饲养，不饲喂饲料，每 3h 测定一次幼虫的累计死亡率。每个处理用 20 头幼虫，重复 3 次。采用不同浓度百草枯处理的人工饲料饲喂舞毒蛾幼虫进行氧化应激试验。百草枯饲喂 48h 后，测定 ds*SPR* 或 ds*GFP* 显微注射幼虫的累计死亡率，并计算 3 龄幼虫的 LC_{10}、LC_{30} 和 LC_{50}。每个处理用 10 头幼虫，重复 3 次。

在高温胁迫条件下，*SPR* 沉默的 3 龄幼虫各处理时间点的存活率均低于对照组，156h 时，对照组的存活率是 *SPR* 沉默组存活率的 3.67 倍，后者的存活率仅为 7.5%（图 5-47A）。*SPR* 沉默组幼虫平均死亡时间为 104.80h，为对照组的 80.62%。*SPR* 基因沉默降低了幼虫对高温胁迫的抗性。在饥饿胁迫条件下，*SPR* 沉默的 3 龄幼虫各处理时间点的存活率均低于注射 ds*GFP* 的幼虫，且早期存活率变化迅速，在 108h 时，ds*GFP* 对照组的存活率是 *SPR* 沉默组的 1.35 倍（图 5-47B）。*SPR* 沉默组平均死亡天数为对照组的 93.11%，推测 *SPR* 基因对舞毒蛾抗饥饿能力有一定的调控作用。百草枯处理 3 龄幼虫 48h 后，*SPR* 沉默组的 LC_{10}、LC_{30} 和 LC_{50} 均低于对照组，对照组的 LC_{10} 是处理组的 2.14 倍。*SPR* 沉默组和对照组 48h 的 LC_{50} 分别为 6.75mg/L 和 10.54mg/L（表 5-8）。结果表明，*SPR* 基因沉默后 3 龄幼虫的抗氧化活性减弱。用亚致死剂量百草枯（48h $LC_{30}=3.02$mg/L）对舞毒蛾 3 龄幼虫进行氧化应激处理。ds*GFP* 处理组幼虫的存活率显著高于 *SPR* 处理组幼虫（图 5-47C），故推测，*SPR* 基因沉默降低了舞毒蛾的氧化应激抗性。与注射 ds*GFP* 的幼虫相比，注射 ds*SPR* 的舞毒蛾幼虫在高温、饥饿和氧化应激胁迫条件下，各处理时间点的存活率均较低。RNAi 沉默的幼虫对高温、饥饿和氧化应激的敏感性显著增强。因此，*SPR* 可能参与了舞毒蛾抗胁迫的调节过程。

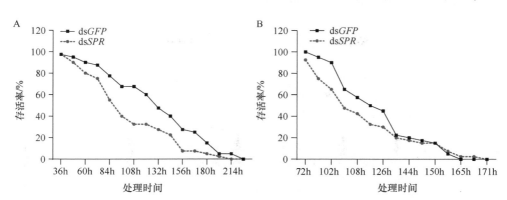

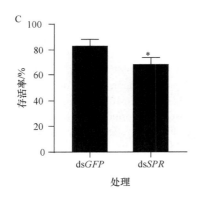

图 5-47 环境胁迫条件下舞毒蛾 3 龄幼虫的存活率

A~C 分别为高温、饥饿、百草枯氧化胁迫（48h LC_{30}=3.02mg/L）对 *SPR* 沉默的舞毒蛾 3 龄幼虫存活率的影响。用 ds*GFP* 处理的幼虫作为对照。采用独立样本 *t* 检验，*表示不同处理组间差异显著（*P*＜0.05）。

表 5-8 *SPR* 基因沉默 48h 后百草枯对舞毒蛾 3 龄幼虫的毒力

处理组	LC_{10}（95%置信区间）/（mg/L）	LC_{30}（95%置信区间）/（mg/L）	LC_{50}（95%置信区间）/（mg/L）	平均值±标准误	χ^2	*df*
ds*SPR*	0.94（0.33~1.56）	3.02（1.69~4.34）	6.75（4.76~9.18）	1.50±0.24	9.84	16
ds*GFP*	2.01（0.98~3.08）	5.35（3.90~6.79）	10.54（8.04~13.98）	1.78±0.26	7.32	16

以上研究表明，*SPR* 基因可能参与了昆虫的生长发育调控、代谢、寿命和抗逆性等生理过程。经 *SPR* 基因沉默处理后的舞毒蛾幼虫对高温、饥饿和氧化应激的敏感性增强。本课题组的研究结果进一步丰富了对昆虫 GPCR SPR 功能的认识，为开发环境友好型杀虫剂提供了新的分子靶标。

主要参考文献

曹传旺, 孙丽丽, 问荣荣, 等. 2014. 舞毒蛾 *LdOA1* 基因克隆分析及对 3 种杀虫剂胁迫的响应[J].

林业科学, 50(8): 102-107.

谷学英, 刘志强, 刘玲, 等. 2009. 眼皮肤白化病 I 型的基因诊断及产前诊断的意义[J]. 中国计划生育学杂志, 17(3): 168-171.

孙丽丽, 刘鹏, 王志英, 等. 2016. 转 LdOA1 基因果蝇品系 GSTs 基因表达及对溴氰菊酯胁迫响应[J]. 北京林业大学学报, 38(6): 72-78.

魏巍, 李正名. 2014. GPCRs: 一类值得关注的潜在杀虫剂新靶标[J]. 世界农药, 36(4): 6-15.

张伟. 2014. 花绒寄甲转录组测序及重要功能基因分析[D]. 西北农林科技大学博士学位论文.

Alexander J, Oliphant A, Wilcockson D C, et al. 2018. Functional identification and characterization of the diuretic hormone 31 (DH31) signaling system in the green shore crab, *Carcinus maenas*[J]. Frontiers in Neuroscience, 12(1): 454.

An S H, Wang S J, Stanley D, et al. 2009. Identification of a novel bursicon-regulated transcriptional regulator, md13379, in the house fly *Musca domestica*[J]. Archives of Insect Biochemistry and Physiology, 70(2): 106-121.

Arakane Y, Li B, Muthukrishnan S, et al. 2008. Functional analysis of four neuropeptides, EH, ETH, CCAP and bursicon, and their receptors in adult ecdysis behavior of the red flour beetle, *Tribolium castaneum*[J]. Mechanisms of Development, 125(11-12): 984-995.

Bai H, Zhu F, Shah K, et al. 2011. Large-scale RNAi screen of G protein-coupled receptors involved in larval growth, molting and metamorphosis in the red flour beetle[J]. BMC Genomics, 12: 388.

Baker J D, Truman J W. 2002. Mutations in the *Drosophila* glycoprotein hormone receptor, *rickets*, eliminate neuropeptide-induced tanning and selectively block a stereotyped behavioral program[J]. Journal of Experimental Biology, 205(17): 2555-2565.

Baldwin D C, Schegg K M, Furuya K, et al. 2001. Isolation and identification of a diuretic hormone from *Zootermopsis nevadensis*[J]. Peptides, 22(2): 147-152.

Battlay P, Schmidt J M, Fournier-Level A, et al. 2016. Genomic and transcriptomic associations identify a new insecticide resistance phenotype for the selective sweep at the *Cyp6g1* locus of *Drosophila melanogaster*[J]. G3 (Bethesda), 6(8): 2573-2581.

Berrueco R, Rives S, Camós M, et al. 2010. Syndromic albinism and haemophagocytosis[J]. British Journal of Haematology, 148(6): 815.

Caers J, Verlinden H, Zels S, et al. 2012. More than two decades of research on insect neuropeptide GPCRs: an overview[J]. Frontiers in Endocrinology, 3: 151.

Cannell E, Dornan A J, Halberg K A, et al. 2016. The corticotropin-releasing factor-like diuretic hormone 44 (DH$_{44}$) and kinin neuropeptides modulate desiccation and starvation tolerance in *Drosophila melanogaster*[J]. Peptides, 80: 96-107.

Cao C W, Sun L L, Du H, et al. 2019. Physiological functions of a methuselah-like G protein coupled receptor in *Lymantria dispar* Linnaeus[J]. Pesticide Biochemistry and Physiology, 160: 1-10.

Cao C W, Sun L L, Wen R R, et al. 2015. Characterization of the transcriptome of the Asian gypsy moth *Lymantria dispar* identifies numerous transcripts associated with insecticide resistance[J]. Pesticide Biochemistry and Physiology, 119: 54-61.

Carvalho G B, Kapahi P, Anderson D J, et al. 2006. Allocrine modulation of feeding behavior by the sex peptide of *Drosophila*[J]. Current Biology, 16(7): 692-696.

Chapman T, Bangham J, Vinti G, et al. 2003. The sex peptide of *Drosophila melanogaster*: female post-mating responses analyzed by using RNA interference[J]. Proceedings of the National Academy of Sciences of the United States of America, 100(17): 9923-9928.

Chen L Q, Hall P R, Zhou X E, et al. 2003. Structure of an insect delta-class glutathione *S*-transferase from a DDT-resistant strain of the malaria vector *Anopheles gambiae*[J]. Acta Crystallographica

Section D Biological Crystallography, 59(12): 2211-2217.

Chen P S, Stumm-Zollinger E, Aigaki T, et al. 1988. A male accessory gland peptide that regulates reproductive behavior of female *D. melanogaster*[J]. Cell, 54(3): 291-298.

Cooray S N, Chan L, Webb T R, et al. 2009. Accessory proteins are vital for the functional expression of certain G protein-coupled receptors[J]. Molecular and Cellular Endocrinology, 300(1/2): 17-24.

Costa C P, Elias-Neto M, Falcon T, et al. 2016. RNAi-mediated functional analysis of bursicon genes related to adult cuticle formation and tanning in the honeybee, *Apis mellifera*[J]. PLoS ONE, 11(12): e0167421.

Cottrell C B. 1962a. The imaginal ecdysis of blowflies. The control of cuticuar hardening and darkening[J]. Journal of Experimental Biology, 39(3): 395-412.

Cottrell C B. 1962b. The imaginal ecdysis of blowflies. Detection of the blood-borne darkening factor and determination of some of its properties[J]. Journal of Experimental Biology, 39(3): 413-430.

Daborn P J, Yen J L, Bogwitz M R, et al. 2002. A single P450 allele associated with insecticide resistance in *Drosophila*[J]. Science, 297(5590): 2253-2256.

d'Addio M, Pizzigoni A, Bassi M T, et al. 2000. Defective intracellular transport and processing of OA1 is a major cause of ocular albinism type 1[J]. Human Molecular Genetics, 9(20): 3011-3018.

Davis M M, O'Keefe S L, Primrose D A, et al. 2007. A neuropeptide hormone cascade controls the precise onset of post-eclosion cuticular tanning in *Drosophila melanogaster*[J]. Development, 134(24): 4395-4404.

Denecke S, Fusetto R, Martelli F, et al. 2017. Multiple P450s and variation in neuronal genes underpins the response to the insecticide imidacloprid in a population of *Drosophila melanogaster*[J]. Scientific Reports, 7(1): 11338.

Domanitskaya E V, Liu H F, Chen S J, et al. 2007. The hydroxyproline motif of male sex peptide elicits the innate immune response in *Drosophila* females[J]. The FEBS Journal, 274(21): 5659-5668.

Du H, Sun L L, Liu P, et al. 2021. The sex peptide receptor in the Asian gypsy moth, *Lymantria dispar*, is involved in development and stress resistance[J]. Journal of Integrative Agriculture, 20(11): 2976-2985.

Enayati A A, Ranson H, Hemingway J. 2005. Insect glutathione transferases and insecticide resistance[J]. Insect Molecular Biology, 14(1): 3-8.

Eriksen K K, Hauser F, Schiøtt M, et al. 2000. Molecular cloning, genomic organization, developmental regulation, and a knock-out mutant of a novel leu-rich repeats-containing G protein-coupled receptor (DLGR-2) from *Drosophila melanogaster*[J]. Genome Research, 10(7): 924-938.

Falletta P, Bagnato P, Bono M, et al. 2014. Melanosome-autonomous regulation of size and number: the OA1 receptor sustains PMEL expression[J]. Pigment Cell Melanoma Research, 27(4): 565-579.

Fan Y, Sun P, Wang Y, et al. 2010. The G protein-coupled receptors in the silkworm, *Bombyx mori*[J]. Insect Biochemistry and Molecular Biology, 40(8): 581-591.

Feyereisen R. 2012. Insect Molecular Biology and Biochemistry. Insect *CYP* genes and P450 enzymes[M]. Amsterdam: Elsevier: 236-316.

Fricke C, Wigby S, Hobbs R, et al. 2009. The benefits of male ejaculate sex peptide transfer in *Drosophila melanogaster*[J]. Journal of Evolutionary Biology, 22(2): 275-286.

Frydman J, Höhfeld J. 1997. Chaperones get in touch: the Hip-Hop connection[J]. Trends in Biochemical Sciences, 22(3): 87-92.

Frydman J, Nimmesgern E, Ohtsuka K, et al. 1994. Folding of nascent polypeptide chains in a high molecular mass assembly with molecular chaperones[J]. Nature, 370(6485): 111-117.

Furuya K, Schegg K M, Schooley D A. 1998. Isolation and identification of a second diuretic hormone from *Tenebrio molitor*[J]. Peptides, 19(4): 619-626.

Gäde G. 2004. Regulation of intermediary metabolism and water balance of insects by neuropeptides[J]. Annual Review of Entomology, 49(1): 93-113.

Goda T, Tang X, Umezaki Y, et al. 2016. *Drosophila* DH31 neuropeptide and PDF receptor regulate night-onset temperature preference[J]. The Journal of Neuroscience, 36(46): 11739-11754.

Hauser F, Cazzamali G, Williamson M, et al. 2006. A review of neurohormone GPCRs present in the fruitfly *Drosophila melanogaster* and the honey bee *Apis mellifera*[J]. Progress in Neurobiology, 80(1): 1-19.

Hill C A, Fox A N, Pitts R J, et al. 2002. G protein-coupled receptors in *Anopheles gambiae*[J]. Science, 298(5591): 176-178.

Hill S J. 2006. G-protein-coupled receptors: past, present and future[J]. British Journal of Pharmacology, 147(S1): S27-S37.

Hollenstein K, Kean J, Bortolato A, et al. 2013. Structure of class B GPCR corticotropin-releasing factor receptor 1[J]. Nature, 499(7459): 438-443.

Honegger H W, Market D, Pierce L A, et al. 2002. Cellular localization of bursicon using antisera against partial peptide sequences of this insect cuticle - sclerotizing neurohormone[J]. The Journal of Comparative Neurology, 452(2): 163-177.

Hu X B, Sun Y, Wang W J, et al. 2007. Cloning and characterization of *NYD-OP7*, a novel deltamethrin resistance associated gene from *Culex pipiens pallens*[J]. Pesticide Biochemistry and Physiology, 88(1): 82-91.

Huang J H, Zhang Y, Li M H, et al. 2007. RNA interference-mediated silencing of the bursicon gene induces defects in wing expansion of silkworm[J]. FEBS Letters, 581(4): 697-701.

Huang K R, Chen W H, Zhu F, et al. 2019. RiboTag translatomic profiling of *Drosophila* oenocytes under aging and induced oxidative stress[J]. BMC Genomics, 20(1): 50.

Iga M, Kataoka H. 2015. Identification and characterization of the diuretic hormone 31 receptor in the silkworm *Bombyx mori*[J]. Bioscience Biotechnology and Biochemistry, 79(8): 1305-1307.

Isaac R E, Li C X, Leedale A E, et al. 2010. *Drosophila* male sex peptide inhibits siesta sleep and promotes locomotor activity in the post-mated female[J]. Proceedings Biological Sciences, 277(1678): 65-70.

Jazayeri A, Doré A S, Lamb D, et al. 2016. Extra-helical binding site of a glucagon receptor antagonist[J]. Nature, 533(7602): 274-277.

Johnson E C, Shafer O T, Trigg J S, et al. 2005. A novel diuretic hormone receptor in *Drosophila*: evidence for conservation of CGRP signaling[J]. The Journal of Experimental Biology, 208(7): 1239-1246.

Kahsai L, Kapan N, Dircksen H, et al. 2010. Metabolic stress responses in *Drosophila* are modulated by brain neurosecretory cells that produce multiple neuropeptides[J]. PLoS ONE, 5(7): e11480.

Kaltenhauser U, Kellermann J, Andersson K, et al. 1995. Purification and partial characterization of bursicon, a cuticle sclerotizing neuropeptide in insects, from *Tenebrio molitor*[J]. Insect Biochemistry and Molecular Biology, 25(4): 525-533.

Kataoka H, Troetschler R G, Li J P, et al. 1989. Isolation and identification of a diuretic hormone from the tobacco hornworm, *Manduca sexta*[J]. Proceedings of the National Academy of Sciences of the United States of America, 86(8): 2976-2980.

Kiger Jr J A, Natzle J E, Kimbrell D A, et al. 2007. Tissue remodeling during maturation of the

Drosophila wing[J]. Developmental Biology, 301(1): 178-191.

Kim Y J, Bartalska K, Audsley N, et al. 2010. MIPs are ancestral ligands for the sex peptide receptor[J]. Proceedings of the National Academy of Sciences of the United States of America, 107(14): 6520-6525.

Kimura K I, Kodama A, Hayasaka Y, et al. 2004. Activation of the cAMP/PKA signaling pathway is required for post-ecdysial cell death in wing epidermal cells of *Drosophila melanogaster*[J]. Development, 131(7): 1597-1606.

Kong H L, Jing W H, Yuan L, et al. 2021. Bursicon mediates antimicrobial peptide gene expression to enhance crowded larval prophylactic immunity in the oriental armyworm, *Mythimna separata*[J]. Developmental and Comparative Immunology, 115: 103896.

LaJeunesse D R, Johnson B, Presnell J S, et al. 2010. Peristalsis in the junction region of the *Drosophila* larval midgut is modulated by DH31 expressing enteroendocrine cells[J]. BMC Physiology, 10(1): 1-14.

Lee H R, Zandawala M, Lange A B, et al. 2016. Isolation and characterization of the corticotropin-releasing factor-related diuretic hormone receptor in *Rhodnius prolixus*[J]. Cellular Signalling, 28(9): 1152-1162.

Li C, Zhang Y, Yun X P, et al. 2014. *Methuselah-like* genes affect development, stress resistance, lifespan and reproduction in *Tribolium castaneum*[J]. Insect Molecular Biology, 23(5): 587-597.

Li C J, Chen M, Sang M, et al. 2013a. Comparative genomic analysis and evolution of family-B G protein-coupled receptors from six model insect species[J]. Gene, 519(1): 1-12.

Li X C, Schuler M A, Berenbaum M R. 2007. Molecular mechanisms of metabolic resistance to synthetic and natural xenobiotics[J]. Annual Review of Entomology, 52(1): 231-253.

Lin Y J, Seroude L, Benzer S. 1998. Extended life-span and stress resistance in the *Drosophila* mutant methuselah[J]. Science, 282(5390): 943-946.

Liu H F, Kubli E. 2003. Sex-peptide is the molecular basis of the sperm effect in *Drosophila melanogaster*[J]. Proceedings of the National Academy of Sciences of the United States of America, 100(17): 9929-9933.

Liu N N, Zhu F. 2011. Recent Advances in Entomological Research. House fly ctyochrome P450s: their role in insecticide resistance and strategies in the isolation and characterization[M]. Berlin & Heidelberg: Springer, 14: 246-257.

Low W Y, Feil S C, Ng H L, et al. 2010. Recognition and detoxification of the insecticide DDT by *Drosophila melanogaster* glutathione *S*-transferase D1[J]. Journal of Molecular Biology, 399(3): 358-366.

Luan H J, Lemon W C, Peabody N C, et al. 2006. Functional dissection of a neuronal network required for cuticle tanning and wing expansion in *Drosophila*[J]. The Journal of Neuroscience: The Official Journal of The Society for Neuroscience, 26(2): 573-584.

Luo C W, Dewey E M, Sudo S, et al. 2005. Bursicon, the insect cuticle-hardening hormone, is a heterodimeric cystine knot protein that activates G protein-coupled receptor LGR2[J]. Proceedings of the National Academy of Sciences of the United States of America, 102(8): 2820-2825.

Ma X L, He W Y, You Y C, et al. 2013. Cloning and functional analysis of *bursicon* genes in the diamondback moth, *Plutella xylostella* (Lepidoptera: Plutellidae)[J]. Acta Entomologica Sinica, 56(10): 1101-1109.

Magdalena L M, Coipan E C, Vladimirescu A F, et al. 2012. Downregulation of *hsp22* gene expression in *Drosophila melanogaster* from sites located near chemical plants[J]. Genetics and Molecular Research, 11(1): 739-745.

Martinez-Garcia M, Riveiro-Alvarez R, Villaverde-Montero C, et al. 2010. Identification of a novel deletion in the *OA1* gene: report of the first Spanish family with X-linked ocular albinism[J]. Clinical & Experimental Ophthalmology, 38(5): 489-495.

Minami Y, Höhfeld J, Ohtsuka K, et al. 1996. Regulation of the heat-shock protein 70 reaction cycle by the mammalian DnaJ homolog, Hsp40[J]. Journal of Biological Chemistry, 271(32): 19617-19624.

Misra J R, Horner M A, Lam G, et al. 2011. Transcriptional regulation of xenobiotic detoxification in *Drosophila*[J]. Genes & Development, 25(17): 1796-1806.

Mitri C, Soustelle L, Framery B, et al. 2009. Plant insecticide L-canavanine repels *Drosophila* via the insect orphan GPCR DmX[J]. PLoS Biology, 7(6): e1000147.

Morello J P, Salahpour A, Laperrière A, et al. 2000. Pharmacological chaperones rescue cell-surface expression and function of misfolded V2 vasopressin receptor mutants[J]. Journal of Clinical Investigation, 105(7): 887-895.

Morrow G, Samson M, Michaud S, et al. 2004. Overexpression of the small mitochondrial Hsp22 extends *Drosophila* life span and increases resistance to oxidative stress[J]. FASEB Journal, 18(3): 598-599.

Nässel D R, Zandawala M. 2019. Recent advances in neuropeptide signaling in *Drosophila*, from genes to physiology and behavior[J]. Progress in Neurobiology, 179: 101607.

Nene V, Wortman J R, Lawson D, et al. 2007. Genome sequence of *Aedes aegypti*, a major arbovirus vector[J]. Science, 316(5832): 1718-1723.

Noorwez S M, Kuksa V, Imanishi Y, et al. 2003. Pharmacological chaperone-mediated in *vivo* folding and stabilization of the P23H-opsin mutant associated with autosomal dominant retinitis pigmentosa[J]. Journal of Biological Chemistry, 278(16): 14442-14450.

Oakley A J, Jirajaroenrat K, Harnnoi T, et al. 2001. Crystallization of two glutathione *S*-transferases from an unusual gene family[J]. Acta Crystallographica Section D, Biological Crystallography, 57(6): 870-872.

Oh Y, Yoon S E, Zhang Q, et al. 2014. A homeostatic sleep-stabilizing pathway in *Drosophila* composed of the sex peptide receptor and its ligand, the myoinhibitory peptide[J]. PLoS Biology, 12(10): e1001974.

Pang X R, Zhang J Z, Han Y, et al. 2022. Functional characterization of a diuretic hormone receptor associated with desiccation, starvation and temperature tolerance in gypsy moth, *Lymantria dispar*[J]. Pesticide Biochemistry and Physiology, 184: 105079.

Patel M V, Hallal D A, Jones J W, et al. 2012. Dramatic expansion and developmental expression diversification of the *methuselah* gene family during recent drosophila evolution[J]. Journal of Experimental Zoology Part B: Molecular and Developmental Evolution, 318(5): 368-387.

Peng J, Zipperlen P, Kubli E. 2005. *Drosophila* sex-peptide stimulates female innate immune system after mating via the Toll and Imd pathways[J]. Current Biology, 15(18): 1690-1694.

Pettersen E F, Goddard T D, Huang C C, et al. 2004. UCSF Chimera—A visualization system for exploratory research and analysis[J]. Journal of Computational Chemistry, 25(13): 1605-1612.

Reagan J D. 1994. Expression cloning of an insect diuretic hormone receptor. A member of the calcitonin/secretin receptor family[J]. Journal of Biological Chemistry, 269(1): 9-12.

Reynolds S E, Taghert P H, Truman J W. 1979. Eclosion hormone and bursicon titres and the onset of hormonal responsiveness during the last day of adult development in *Manduca sexta* (L.)[J]. Journal of Experimental Biology, 69(4): 445-447.

Ribeiro C, Dickson B J. 2010. Sex peptide receptor and neuronal TOR/S6K signaling modulate nutrient balancing in *Drosophila*[J]. Current Biology, 20(11): 1000-1005.

Roy A, Kucukural A, Zhang Y. 2010. I-TASSER: a unified platform for automated protein structure and function prediction[J]. Nature Protocols, 5(4): 725-738.

Scopelliti A, Bauer C, Cordero J B, et al. 2016. Bursicon-α subunit modulates dLGR2 activity in the adult *Drosophila* melanogaster midgut independently to Bursicon-β[J]. Cell Cycle, 15(12): 1538-1544.

Scott J G, Liu N N, Wen Z M. 1998. Insect cytochromes P450: diversity, insecticide resistance and tolerance to plant toxins[J]. Comparative Biochemistry and Physiology Part C: Pharmacology, Toxicology and Endocrinology, 121(1-3): 147-155.

Seong K M, Coates B S, Berenbaum M R, et al. 2018. Comparative CYP-omic analysis between the DDT-susceptible and -resistant *Drosophila melanogaster* strains 91-C and 91-R[J]. Pest Management Science, 74(11): 2530-2543.

Shim J K, Jung D O, Park J W, et al. 2006. Molecular cloning of the *heat-shock cognate* 70 (*Hsc70*) gene from the two-spotted spider mite, *Tetranychus urticae*, and its expression in response to heat shock and starvation[J]. Comparative Biochemistry and Physiology Part B Biochemistry and Molecular Biology, 145(3-4): 288-295.

Simonet G, Poels J, Claeys I, et al. 2004. Neuroendocrinological and molecular aspects of insect reproduction[J]. Journal of Neuroendocrinology, 16(8): 649-659.

Siu F Y, He M, de Graaf C, et al. 2013. Structure of the human glucagon class B G-protein-coupled receptor[J]. Nature, 499(7459): 444-449.

Soller M, Bownes M, Kubli E. 1999. Control of oocyte maturation in sexually mature *Drosophila* females[J]. Developmental Biology, 208(2): 337-351.

Song W, Ranjan R, Dawson-Scully K, et al. 2002. Presynaptic regulation of neurotransmission in *Drosophila* by the G protein-coupled receptor Methuselah[J]. Neuron, 36(1): 105-119.

Spit J, Badisco L, Verlinden H, et al. 2012. Peptidergic control of food intake and digestion in insects[J]. Canadian Journal of Zoology, 90(4): 489-506.

Sun L L, Liu P, Zhang C S, et al. 2019. Ocular albinism type 1 regulates deltamethrin tolerance in *Lymantria dispar* and *Drosophila melanogaster*[J]. Frontiers in Physiology, 10: 766.

Sun L L, Wang Z Y, Wu H Q, et al. 2016. Role of ocular albinism type 1 (OA1) GPCR in *Asian gypsy moth* development and transcriptional expression of heat-shock protein genes[J]. Pesticide Biochemistry and Physiology, 126: 35-41.

Taghert P H, Truman J W. 1982a. Identification of the bursicon-containing neurones in abdominal ganglia of the tobacco hornworm, *Manduca sexta*[J]. Journal of Experimental Biology, 98(1): 385-401.

Taghert P H, Truman J W. 1982b. The distribution and molecular characteristics of the tanning hormone, bursicon, in the tobacco hornworm *Manduca sexta*[J]. Journal of Experimental Biology, 98(1): 373-383.

Tsuda M, Aigaki T. 2016. Evolution of sex-peptide in *Drosophila*[J]. FLY, 10(4): 172-177.

Tsuda M, Peyre J B, Asano T, et al. 2015. Visualizing molecular functions and cross-species activity of sex-peptide in *Drosophila*[J]. Genetics, 200(4): 1161-1169.

Udomsinprasert R, Pongjaroenkit S, Wongsantichon J, et al. 2005. Identification, characterization and structure of a new Delta class glutathione transferase isoenzyme[J]. Biochemistry Journal, 388(3): 763-771.

Vontas J G, Small G J, Hemingway J. 2001. Glutathione *S*-transferases as antioxidant defence agents confer pyrethroid resistance in *Nilaparvata lugens*[J]. Biochemical Journal, 357(1): 65-72.

Wang H, Li K, Zhu J Y, et al. 2012. Cloning and expression pattern of heat shock protein genes from the endoparasitoid wasp, *Pteromalus puparum* in response to environmental stresses[J]. Archives of Insect Biochemistry and Physiology, 79(4-5): 247-263.

Wang J J, Wang Z L, Zhang Z H, et al. 2015. *Methuselah* regulates longevity via dTOR: a pathway revealed by small-molecule ligands[J]. Journal of Molecular Cell Biology, 7(3): 280-282.

Wang Y J, Qiu L, Ranson H, et al. 2008. Structure of an insect epsilon class glutathione *S*-transferase from the malaria vector *Anopheles gambiae* provides an explanation for the high DDT-detoxifying activity[J]. Journal of Structural Biology, 164(2): 228-235.

West A P Jr, Llamas L L, Snow P M, et al. 2001. Crystal structure of the ectodomain of methuselah, a drosophila G protein-coupled receptor associated with extended lifespan[J]. Proceedings of the National Academy of Sciences of the United States of America, 98(7): 3744-3749.

Wittkopp P J, Williams B L, Selegue J E, et al. 2003. *Drosophila* pigmentation evolution: divergent genotypes underlying convergent phenotypes[J]. Proceedings of the National Academy of Sciences of the United States of America, 100(4): 1808-1813.

Yang J P, Long G Y, Jin D C, et al. 2021. Role of *bursicon* genes in regulating wing expansion and fecundity in *Bombyx mori* (Lepidoptera: Bombycidae)[J]. Acta Entomologica Sinica, 64(5): 558-565.

Yapici N, Kim Y J, Ribeiro C, et al. 2008. A receptor that mediates the post-mating switch in *Drosophila* reproductive behaviour[J]. Nature, 451(7174): 33-37.

Yoshimi T, Odagiri K, Hiroshige Y, et al. 2009. Induction profile of *HSP70*-cognate genes by environmental pollutants in *Chironomidae*[J]. Environmental Toxicology and Pharmacology, 28(2): 294-301.

Zandawala M, Marley R, Davies S A, et al. 2018. Characterization of a set of abdominal neuroendocrine cells that regulate stress physiology using colocalized diuretic peptides in *Drosophila*[J]. Cellular and Molecular Life Sciences, 75(6): 1099-1115.

Zhang C S, Sun L L, Xie J M, et al. 2022. RNAi-based functional analysis of *bursicon* genes related to wing expansion in gypsy moth (*Lymantria dispar*)[J]. Journal of Insect Physiology, 139: 104398.

Zhang H W, Dong S Z, Chen X, et al. 2017. Relish2 mediates bursicon homodimer-induced prophylactic immunity in the mosquito *Aedes aegypti*[J]. Scientific Reports, 7(1): 43163.

Zhang X Y, Kang X L, Wu H H, et al. 2018. Transcriptome-wide survey, gene expression profiling and exogenous chemical-induced transcriptional responses of cytochrome *P450* superfamily genes in migratory locust (*Locusta migratoria*)[J]. Insect Biochemistry and Molecular Biology, 100: 66-77.

Zhang Y. 2008. I-TASSER server for protein 3D structure prediction[J]. BMC Bioinformatics, 9: 40.

Zhang Z Q, Wang H P, Hao C F, et al. 2016. Identification, characterization and expression of *Methuselah-like* genes in *Dastarcus helophoroides* (Coleoptera: Bothrideridae)[J]. Genes (Basel), 7(10): 91.

Zhu F, Cui Y J, Walsh D B, et al. 2014. Application of RNAi toward insecticide resistance management[J]. Short Views on Insect Biochemistry and Molecular Biology, 24: 595-619.

Zhu F, Gujar H, Gordon J R, et al. 2013. Bed bugs evolved unique adaptive strategy to resist pyrethroid insecticides[J]. Scientific Reports, 3: 1456.

Zhu F, Moural T W, Nelson D R, et al. 2016. A specialist herbivore pest adaptation to xenobiotics through up-regulation of multiple cytochrome *P450s*[J]. Scientific Reports, 6(1): 20421.

第6章　舞毒蛾分子防控产品研发与应用研究展望

6.1　害虫分子防控技术研究进展

现代生物技术与信息技术给昆虫学与害虫治理研究提供了新思路和新手段。特别是近些年，DNA 测序技术和相关生物信息学的迅速发展，有力地促进了昆虫基因组学的研究。基因组学是对生物体全基因组结构、功能及其进化模式的研究，也是对生物体内整套遗传信息的分析（Heckel，2003）。现代生物技术与信息技术为解析从个体到生态系统之间的表观性状及互作关系奠定了基础。基因组学主要包括：以全基因组测序为目标的结构基因组学和以基因功能鉴定为目标的功能基因组学，后者又称后基因组研究。全基因组测序已成为系统生物学研究的重要方法。越来越多的研究表明，应用基因组技术能够揭示害虫遗传变异的内在机制及其演化规律（You et al.，2013；Wang et al.，2014），害虫-植物协同进化模式及其互作机理（You et al.，2013；Duvaux et al.，2015），害虫环境适应性机制如分子免疫（Bulmer et al.，2009；Xia et al.，2013）、抗药性（Carvalho et al.，2013；You et al.，2013）；还能够促进高效和持续害虫控制新技术的研发，如行为调节剂的研发（Guo et al.，2011；魏佳宁等，2012）、转基因抗性品种的研发（Mao et al.，2007）、新型杀虫蛋白的研发（Richards et al.，2013）、新型农药作用靶标的研发（Wang et al.，2013a；Shang et al.，2014）等。越来越多害虫基因组的破译和解析将为深入研究害虫发生的分子基础、遗传机制和进化过程提供重要的数据资源，同时也可为害虫持续控制提供新思路和新技术。在应用研究方面，基因组技术则涉及培育转基因抗虫植物，研发新型杀虫剂，应用转基因昆虫技术（基因干扰、敲除与编辑等），以及开展遗传调控、行为调控、生境调控和抗性治理等方面的技术研发，以寻求和创新害虫生态治理和可持续控制的策略和手段。

近年，一些前沿生物技术（如 DNA 编辑、RNA 干扰等）研究取得重大成果，促进了病虫害基础理论和应用技术的发展。病虫害基础应用技术的发展主要包括以下几个方面：①作物 DNA 编辑技术在病虫害防控领域的发展和应用；②RNA 干扰技术在抗虫、抗病育种中的发展和应用；③与致病性相关的非编码 RNA 的发掘与应用；④病原真菌 DNA 病毒的发现和抗病应用；⑤植物抗病小体的发现和分子育种应用等。基于上述突破成果，我国科学家已经在小麦抗白粉病基因组编辑、小 RNA 防控棉铃虫、lncRNA 控制作物生理代谢基础、植物虫媒病毒病的防控和植物抗病调控网络等领域作出世界一流的成果。

建立农药靶标组的比较化学生物学等基础理论，广泛用于指导绿色农药创新创制；建立面向全球、覆盖全国的农药生态学与代谢规律的大数据平台和基于靶标组的生态生物合理性农药分子设计平台；基于新机制和新靶标，发现以生态安全为特征的杀虫剂与昆虫调控剂、除草剂、杀菌剂及驱虫抗病植物系统获得性抗性激活剂，为解决我国重大病虫草害提供自主知识产权的候选农药，发现"重磅炸弹"级的国际著名品种和著名靶标。原始创新能力的提升使中国解决了相关技术难题，成为农药产业强国，并成为世界农药科学中心。

6.2 表达舞毒蛾 *CYP6B53* 基因 dsRNA 杨树抗虫性分析

外源性 dsRNA 引发的 RNAi 已被用作基因功能研究和害虫防治的有效工具（Huang et al.，2006；Niu et al.，2006；Huvenne and Smagghe，2010；Tao et al.，2012；Tang et al.，2014；Jin et al.，2015）。植物介导的 RNAi 技术已成功用于抑制以转基因植物为食的害虫的关键基因。针对害虫关键基因 dsRNA 的转基因植物已被认为是一项旨在创造抗虫植物的新策略（Mao et al.，2007；Bautista et al.，2009）。自 2007 年以来，转基因植物中的 dsRNA 导致目标昆虫中特定基因的敲除，从而导致目标昆虫幼虫高死亡率。dsRNA 技术已成功用于控制玉米中的玉米根萤叶甲危害（Baum et al.，2007）。类似地，Mao 等（2007）构建了表达 *CYP6AE14* 的 dsRNA 转基因棉花植株，揭示转基因棉花可增强棉铃虫抗性。此外，Thakur 等（2014）在表达白粉虱 *v-ATPaseA* dsRNA 的转基因烟草植株中也观察到害虫抗性增强。大量研究证实植物介导的 RNAi 方法作为害虫防治策略的可行性：目的基因 mRNA 表达水平显著降低，随后目标昆虫发生畸形和死亡（Zhu et al.，2012；Xiong et al.，2013；Jin et al.，2015；Liu et al.，2015；Luo et al.，2017）。此外，这种方法在减少对非目标生物的不利影响的同时也具有广泛的适用性，因为引入的 dsRNA 具有高度的特异性，并且可能比目前使用的杀虫剂或苏云金芽孢杆菌毒素更安全（Mao et al.，2007，2011）。

舞毒蛾是一种重要的森林害虫，可为害大约 500 种寄主植物，包括杨树、橡树和桦树（Elkinton and Liebhold，1990；Liebhold et al.，1995；Lazarević et al.，1998）。迄今为止，化学农药、生物防治或转基因防治仍然是我国控制舞毒蛾的主要策略（侯雅芹等，2009；Cao et al.，2010；Li et al.，2015）。本章中，植物介导的细胞色素 *CYP* dsRNA 被用作替代控制策略。Sun 等（2014）利用 RT-PCR 克隆了舞毒蛾 *CYP6B53*（AHH92932.1）的全长 cDNA（1518bp），转录表达被 3 种杀虫剂（溴氰菊酯、甲萘威和氧化乐果）所激活。表达 *CYP6B53* 的舞毒蛾幼虫通过 mRNA 和 P450 活性增加了对溴氰菊酯的敏感性，并降低了对氟氯氰菊酯的敏感性（薛绪亭等，2016）。本课题组利用 RNAi 技术研究了 *CYP6B53* 基因沉默对舞毒蛾幼虫的影响。与微注射 *GFP* dsRNA 和 ddH$_2$O 对照处理 8d 相比，微注射 *CYP6B53* dsRNA 后，舞毒蛾 3 龄幼虫的食物利用率、食物转化率和 4 龄幼虫的平均发育历期均降低。此外，与 ds*GFP* 处理组和 ddH$_2$O 处理组的累计死亡率（10%）相比，*CYP6B53* dsRNA 处理组累计死亡率增加了 40%。微注射 *CYP6B53* dsRNA 舞毒蛾幼虫在 24h 时间点对 40mg/L 氧化乐果更敏感，累计死亡率为 40%，而 ds*GFP* 处理组和 ddH$_2$O 处理组舞毒蛾幼虫的累计死亡率分别为 0% 和 6.67%（Cao et al., 2015a）。这些结果表明，*CYP6B53* 可能在外源化合物的生理调节和代谢中发挥重要作用。因此，*CYP6B53* 编码序列的 228bp 片段随后被扩增以产生 dsRNA，并被选为转基因杨树植株的 RNAi 靶点。转基因杨树饲喂的舞毒蛾幼虫体内 *CYP6B53* 表达降低。此外，*CYP6B53* 基因也显著影响舞毒蛾幼虫的营养利用。

6.2.1 构建表达 *CYP6B53* dsRNA 转基因山新杨的品系

构建表达 *CYP6B53* dsRNA 的 pCAMBIA2301E（pCAMBIA2301E- ds*CYP6B53*）植物表达载体。该载体包含 *CaMV35S* 启动子、*CYP6B53* cDNA 的正义片段、拟南芥 *RTM1* 内含子、*CYP6B53* cDNA 的反义片段和 *NOS* 终止子（图 6-1A）。本课题组利用农杆菌转化法将该载体导入山新杨基因组，随后获得了 3 个转基因株系，即 B53-1、B53-2 和 B53-3。PCR 扩增证实 *CYP6B53* dsRNA 可以整合到山新杨基因组中（图 6-1B）。表达双链 dsRNA 的转基因山新杨植株与野生型山新杨植株没有明显区别（图 6-1C）。

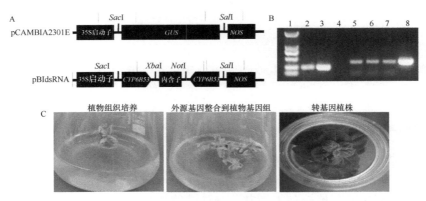

图 6-1 表达舞毒蛾 *CYP6B53* dsRNA 的转基因山新杨株系（彩图请扫封底二维码）

A. 以 pCAMBIA2301 为载体，在 *Eco*R I 和 *Sac* I 酶切位点之间插入 35S 启动子，在 *Pst* I 和 *Hin*d III酶切位点之间插入 *NOS* 终止子，构建 pCAMBIA2301E 植物表达载体。B. 转基因山新杨的 PCR 分析。1: DL2000 DNA 标记；2: *GFP* dsRNA；3: 质粒 pCAMBIA2301E-*GFP*，作为阳性对照；4: 野生型，作为阴性对照；5: 质粒 pCAMBIA2301E-*CYP6B53*，作为阳性对照；6～8: *CYP6B53* dsRNA 转基因株系。C. 采用标准程序获得的表达 dsRNA 的转基因山新杨植株。

6.2.2 转基因山新杨的 qRT-PCR 分析

本课题组从转基因植物叶片中提取的总 RNA，在转录水平上通过 qRT-PCR 验证 *CYP6B53* 的表达。在非转基因对照植株中未观察到扩增信号。然而，在 3 个转基因山新杨株系（B53-1、B53-2、B53-3）中检测到 *CYP6B53*，2 个转基因株系（$F_{2,6}$=6.577，P=0.031）（表 6-1）中 *CYP6B53* 的转录水平分别为 B53-1 的 1.36～1.60 倍。表达 *GFP* dsRNA 的山新杨植株不表达 *CYP6B53*，转录水平被认为是 0（图 6-2）。

表 6-1　图 6-2 数据的单因素方差分析结果

	差异源	平方和	自由度	均方	F 值	P 值
CYP6B53 基因表达量	组间	0.022	2	0.011	6.577	0.031
	组内	0.010	6	0.002		
	总计	0.032	8			

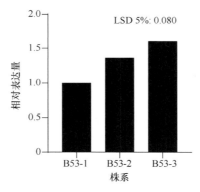

图 6-2　舞毒蛾 *CYP6B53* 基因在山新杨转基因不同株系中 mRNA 的相对表达量

由于对照组中不存在舞毒蛾 *CYP6B53* 基因，表达量为 0。以 B53-1 品系的株系基因表达水平为 1。另外 2 个品系的相对表达水平是参照 B53-1 的表达水平而得到的相对表达水平。*CYP6B53* 基因在山新杨转基因株系的表达量与 *Actin* 为内参基因的 B53-1 株系的表达量呈比值关系。由于对照组中不存在 *CYP6B53* 基因，因此认为表达 *GFP* dsRNA 的山新杨 *CYP6B53* 的表达量为 0。图中所示数据为平均值（n=3）。最小显著性差异法（least-significant difference，LSD）5%表示在 5%水平上转换后的样本数据的两个均值之间的差异最小，本章后同。

6.2.3 转基因山新杨对舞毒蛾幼虫 *CYP6B53* 转录水平的影响

为了研究转基因植株是否触发了舞毒蛾的基因特异性沉默，本课题组使用 qRT-PCR 测定了在 B53-1、B53-2 和 B53-3 株系上饲养的舞毒蛾 3 龄幼虫的目的基因的转录水平。以表达 dsGFP 的山新杨为食的舞毒蛾幼虫的 *CYP6B53* 基因的表达水平为 1，作为对照，其他品系的山新杨的表达水平是相对 dsGFP 来描述的（图 6-3）。在 48h 和 72h 内，饲喂转基因和对照山新杨株系的舞毒蛾 3 龄幼

虫中 *CYP6B53* 的表达水平具有统计学意义。此外，转基因株系和取食时间之间的相互作用极显著（*P*＜0.001）（表 6-2）。结果表明，取食 B53-1 叶片的舞毒蛾幼虫在 6～72h 内转录水平受到抑制。取食 B53-1、B53-2 和 B53-3 株系叶片的幼虫内源 *CYP6B53* mRNA 表达水平显著降低，72h 转录水平分别降低至 78.88%、83.01%和 79.83%（图 6-3）。因此，在取食表达 *CYP6B53* dsRNA 的转基因山新杨叶片后，舞毒蛾幼虫的 *CYP6B53* 转录水平受到抑制。

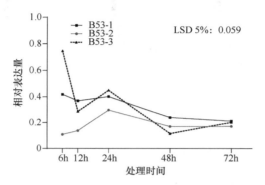

图 6-3　取食转基因和对照山新杨舞毒蛾 3 龄幼虫 *CYP6B53* 的表达水平

与以 *TUB* 和 *EF1α* 为内参基因的 ds*GFP* 山新杨比较，相对 mRNA 的表达以比值的形式显示。图中所示数据为平均值（*n*=3）。

表 6-2　图 6-3 所示数据的方差分析结果

	差异源	自由度	均方差	*F* 值	*P* 值
	校正模型	19	0.367	71.352	＜0.001
	截距	1	13.088	2544.350	＜0.001
舞毒蛾 3 龄幼虫取食转 *CYP6B53* 基因山新杨后体内 *CYP6B53* 的表达量	转基因株系（A）	3	2.019	392.433	＜0.001
	取食时间（B）	4	0.085	16.468	＜0.001
	A×B 交互组合	12	0.048	9.377	＜0.001
	误差	40	0.005		
	总计	60			
	校正总计	59			

6.2.4　表达 *CYP6B53* dsRNA 的转基因山新杨增强对舞毒蛾幼虫的抗性

本课题组利用以转基因山新杨株系 B53-1、B53-2、B53-3 和对照 *GFP* dsRNA 的转基因山新杨叶片饲喂舞毒蛾 3 龄幼虫，进行了选择性取食和非选择性取食试验。不同样品被取食的叶面积不同（图 6-4 和表 6-3）。非选择性取食 48～72h 时，B53-1、B53-2 和 B53-3 株系的叶片消耗量显著低于 *GFP* dsRNA 转基因山新杨（对照组），B53-1、B53-2 和 B53-3 株系叶片的拒食率分别为 70.51%～73.31%、89.29%～89.88% 和 82.07%～82.18%。这些结果表明，转基因株系在非选择性被取食面积（$P<0.001$）（表 6-4）和舞毒蛾幼虫拒食率（$P=0.009$）（表 6-4）上具有统计学意义。选择取食 24h 后，B53-1、B53-2 和 B53-3 株系的叶片消耗量显著低于表达 *GFP* dsRNA 的转基因山新杨植株（$F_{2,6}=38.776$，$P<0.001$）（表 6-5），拒食率分别为 60.40%、85.88% 和 72.20%。昆虫取食试验表明，表达 *CYP6B53* dsRNA 的转基因山新杨植株对舞毒蛾的抗性得到了提高。随后，本课题组检测了转基因株系 B53-1、B53-2 和 B53-3 对舞毒蛾发育的影响（表 6-6）。为了确定 *CYP6B53* dsRNA 的抑制效率，本课题组对转基因组和对照组叶片上饲养的幼虫的营养利用进行了测定（表 6-7）。饲喂 24h 后，舞毒蛾 3 龄幼虫的营养利用也受到影响，与对照组叶片相比，转基因组株系 B53-1、B53-2 和 B53-3 饲养的幼虫的相对生长率（$F_{3,8}=27.819$，$P<0.001$）、相对取食量（$F_{3,8}=269.444$，$P<0.001$）减少。然而，在转基因株系 B53-1 和 B53-2 上饲养的幼虫中观察到近似消化率增加，食物利用率增加。

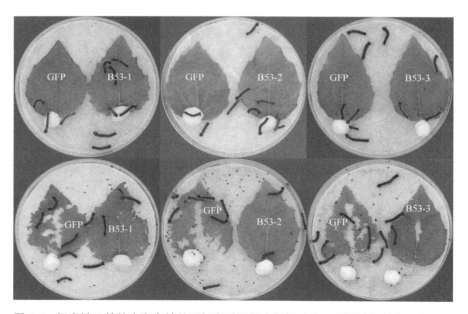

图 6-4　舞毒蛾 3 龄幼虫取食转基因组和对照组山新杨叶片（彩图请扫封底二维码）

与对照组相比，转基因组叶片几乎没有被取食。

表 6-3　舞毒蛾 3 龄幼虫取食转基因叶片和对照组叶片的叶面积

株系	处理时间/h	取食叶面积/cm²		转基因拒食率/%
		转基因组	对照组	
B53-1		2.35（0.83）		70.51（4.25）
B53-2	48	0.81（−0.24）	7.97（2.05）	89.88（4.50）
B53-3		1.42（0.34）		82.18（4.41）
B53-1		3.32（1.19）		73.31（4.29）
B53-2	72	1.33（0.28）	12.45（2.50）	89.29（4.49）
B53-3		2.23（0.77）		82.07（4.41）

注：括号内数据为标准差。

表 6-4　表 6-3 中数据的"重复测量"双因素方差分析检验结果

测量数据	差异源		自由度	均方差	F 值	P 值
48h 组内变异效应	CT	G-G 校正系数	1	17.272	72.644	<0.001
	CT×TP	G-G 校正系数	3	5.203	21.885	<0.001
	误差	G-G 校正系数	8	0.238		
48h 组间变异效应	截距		1	381.285	99.793	<0.001
	TP		3	106.394	27.846	<0.001
	误差		8	3.821		
72h 组内变异效应	CT	G-G 校正系数	1	2.214	0.692	0.437
	CT×TP	G-G 校正系数	2	5.040	1.576	0.282
	误差	G-G 校正系数	1	3.197		
72h 组间变异效应	截距		1	118 698.484	2 922.262	<0.001
	TP		2	472.291	11.627	0.009
	误差		6			

注：TP 为转基因山新杨饲喂舞毒蛾 3 龄幼虫；CT 为取食时间；G-G 校正系数，即 Greenhouse-Geisser 校正系数。

表 6-5　24h 后选择性拒食分析数据的单因素方差分析结果

	差异源	方差	自由度	均方差	F 值	P 值
选择性取食拒食率	组间	975.955	2	487.977	38.776	<0.001
	组内	75.507	6	12.584		
	总计	1051.461	8			

表 6-6　舞毒蛾幼虫取食 24h 转基因山新杨叶片的营养利用分析

处理组	相对生长率/%	相对取食量/%	食物利用率/%	食物转化率/%	近似消化率/%
GFP	53.11	123.90	42.83	89.62	47.77
B53-1	48.80	80.13	60.89	89.05	68.54
B53-2	34.17	55.75	61.32	90.82	67.72
B53-3	26.64	72.75	36.68	91.36	40.26
SED	3.32	2.50	3.79	2.52	5.46
LSD 5%	7.66	5.77	8.74	5.81	12.58
df	8	8	8	8	8

注：SED 为两均值之差的标准误；LSD 5%为在 5%水平上，两均值间差异最小；df 为 LSD 和 SED 相关的自由度。

表 6-7　表 6-6 所示数据的单因素方差分析测试结果

结果	差异源	方差	自由度	均方差	F 值	P 值
相对生长率	组间	1379.625	3	27.819	27.819	<0.001
	组内	132.247	8	16.531		
	总计	1511.872	11			
相对取食量	组间	7587.793	3	2529.264	269.444	<0.001
	组内	75.096	8	9.387		
	总计	7662.889	11			
食物利用率	组间	1424.519	3	474.840	22.041	<0.001
	组内	172.345	8	21.543		
	总计	1596.863	11			
食物转化率	组间	10.167	3	3.389	0.356	0.787
	组内	76.252	8	9.532		
	总计	86.419	11			
近似消化率	组间	1830.288	3	610.096	13.652	0.002
	组内	357.514	8	44.689		
	总计	2187.802	11			

6.3　RNA 生物农药研究进展及应用前景

　　将与 mRNA 对应的正义 RNA 和反义 RNA 组成的 dsRNA 导入细胞，可以使 mRNA 发生特异性的降解，导致 mRNA 相应的基因沉默，这种转录后基因沉默（post-transcriptional gene silencing，PTGS）机制被称为 RNAi。生化和遗传学研究表明，RNAi 包括起始阶段和效应阶段。在起始阶段，RnaseⅢ家族中特异识别 dsRNA 的 Dicer 酶把 dsRNA 加工为 20～25nt 的 siRNA 之后，siRNA 在 RISC 中被解开为两条单链：导向链和随从链。在 RNAi 效应阶段，siRNA 双链结合一个核酶复合物从而形成所谓的 RISC，激活沉默复合物 RISC 需要一个 ATP 将小分子 RNA 解双链。激活的 RISC 通过碱基配对定位到同源 mRNA 转录本上，并在距离 siRNA 3'端 12 个碱基的位置切割 mRNA。每个 RISC 都包含一个 siRNA 和一个不同于 Dicer 酶的 RNA 酶。另外，Mayr 等（2007）研究证明，含有启动子区的 dsRNA 在植物体内同样被切割成 21～23nt 长的片段，这种 dsRNA 可使内源相应的 DNA 序列甲基化，从而使启动子失去功能，进而导致其下游基因沉默。

化学农药的长期施用导致环境污染、生态安全和食品安全等一系列问题，已成为制约现代农业可持续发展的瓶颈。因此，研发害虫绿色防控技术体系对推动绿色农业及生态和食品安全具有重要意义。RNAi 技术已被公认为第四代杀虫剂的核心技术。拜耳公司开发的能有效控制玉米根萤叶甲的转基因玉米 MON87411（SmartStax® PRO）品种在加拿大、美国和阿根廷等多个地区被批准进行商业化种植，2021 年获得中国农业农村部颁发的转基因生物安全证书，这被认为是 RNAi 技术在农业中应用的一个里程碑事件。通过这种 RNAi 转化方法即研发转基因植物，在特定害虫中诱导基因沉默是一种极具良好发展前景的害虫管理方法，可以作为新的害虫管理工具提供给种植者。我国尚无基于 RNAi 技术的害虫防控产品，因此研发高效安全的核酸生物农药是植物保护领域的重要研究方向。探究害虫 RNAi 机理、明确害虫 RNAi 效率差异的分子机制、筛选害虫高效致死基因、研发高效运载体系将会有力地促进 RNAi 技术在植物保护领域的应用。

RNAi 技术在害虫治理中的应用已经取得了重大进展。Baum 等（2007）通过口服 RNAi 靶向各种液泡型 ATP 合成酶（vacuolar-type ATPase，V-ATPase）亚单位以及 α-微管蛋白来诱导玉米根萤叶甲死亡。同年，Mao 等（2007）报道了喂食表达细胞色素 *P450* 基因的特异性 dsRNA 的植物叶片能抑制棉铃虫的生长。高沥文（2022）探索了用非转基因的方式应用 RNAi 技术，即外源施用 dsRNA。外源性的 dsRNA 能直接应用于植物抗虫是由 Hunter 等（2012）首次发现的，他们使用根部浸泡法和树干注射法，将针对亚洲柑橘木虱、马铃薯木虱（*Bactericera cockerelli*）和玻璃翅叶蝉（*Homalodisca vitripennis*）dsRNA 递送到青柠（*Citrus aurantifolia*）中，在单次施用 7 周后，在 2.5m 高的植株中仍能检测到引入的 dsRNA，而且在取食了该植物的木虱和玻璃翅叶蝉体内也能检测到 dsRNA。Ivashuta 等（2015）在番茄中施用靶向玉米根虫 ATPase 的 dsRNA，提高了玉米根虫的死亡率。Li 等（2015）通过根浸泡使水稻和玉米直接吸收 dsRNA，然后将吸收 dsRNA 后的植株分别饲喂褐飞虱（*Nilaparvata lugens*）和亚洲玉米螟，都观察到了幼虫死亡率升高的现象。Ellango 等（2018）将靶向小菜蛾酪氨酸羟化酶（*tyrosine hydroxylase*，*TH*）基因的 dsRNA 涂抹到甘蓝（*Brassica oleracea* var. *capitata*）叶片上让小菜蛾幼虫取食，结果发现幼虫死亡率大大提高。Yan 等（2020）发现，向烟草和豇豆植株喷洒含有菜豆普通花叶病毒外壳蛋白 dsRNA 的生物黏土纳米片，能保护植物免受蚜虫介导的病毒传播引起的菜豆普通花叶病毒感染，进一步研究了通过更换纳米载体改进大豆蚜虫上的经皮 dsRNA 传递系统。该系统能吸收喷雾法施用的 dsRNA，并帮助 dsRNA 在 4h 内穿透蚜虫体壁，抑制目的基因的表达，从而提高蚜虫死亡率。这些研究表明，dsRNA 在作物保护中正朝着实际应用迈出重要的步伐。王治文等（2019）报道显示，孟山都公司正在通过一项名为"BioDirect"的技术来开发 RNAi 生物农药，通过外源施用 dsRNA 制剂来帮助植物抵御昆虫和病原体的攻击。该技术已经通过了研发过程的第 1 阶段，成功减少了马铃薯叶甲幼虫对马铃薯的感染、成虫的出现和多个野外试验点的植物落叶；抑制了番茄斑萎病毒的浓度，降低了疾病症状，改善了番茄和胡椒的植物健康状况；成功控制了抗草甘膦长芒苋（*Amaranthus palmeri*）和苋菜藤子的生长（王治文等，2019）。先正达公司的科学家也正在开发基于 RNAi 的生物防治产品，以保护马铃薯植物免受马铃薯叶甲的危害。由 dsRNA 触发的 RNAi 能够通过抑制对农业重要害虫生长发育至关重要的基因，进而实现害虫防控的目的。RNAi 介导地通过产生与细菌和植物中的特定 mRNA 同源的 dsRNA 进行害虫防治具有很大的潜力。Sharif 等（2022）选择乙酰胆碱酯酶（AChE）、蜕皮激素受体（EcR）和 *V-ATPase subunit A* 基因作为 RNAi 靶点，将包含小于 500bp 编码序列的片段克隆到 L4440 载体中，并在细菌中诱导表达生成 dsRNA，并以反义方向克隆到 TRV-VIGS 载体中以在马铃薯叶片中瞬时表达 dsRNA，通过使棉铃虫摄取 dsRNA 和 PMRi 沉默多个目的基因进而影响棉铃虫的发育和存活。RNAi 抑制研究表明，染色质重塑 ATP 酶基因 *Brahma*（BRM），在 *NlBRM* 缺乏的雌性褐飞虱的卵巢中没有一个正常的香蕉形卵子，褐飞虱卵黄蛋白原基因的 mRNA 表达也降低了，*NlBRM* 在褐飞虱的卵巢发育和繁殖力中起着至关重要的作用，可能是通过调节体内的卵黄蛋白原基因实现的，该基因可能是有效控制这一严重水稻害虫——褐飞虱的关键靶点。

在植物中，通过外源应用 dsRNA 来触发昆虫体内 RNAi 是一项具有挑战的任务。首先，在被昆虫咀嚼、吮吸摄取之后，dsRNA 必须能够在具有唾液核酸酶的中肠或血淋巴中留存下来，因为核酸酶能迅速降解 dsRNA。其次，必须通过内吞途径或跨膜 Sid-1 通道蛋白介导途径从上皮细胞中摄取 dsRNA，由 Dicer2 加工成 siRNA，再装载到 AGO2 上并触发局部 RNAi。因此，为了在整个昆虫体内建立有效的沉默系统，必须让 RNAi 分子（dsRNA 或 siRNA）系统地扩散到相应的靶标细胞中。在植物和秀丽隐杆线虫（*Caenorhabditis elegans*）中，RNAi 的系统传播通过依赖 RNA 的 RNA 聚合酶（RNA dependent RNA polymerase，RdRp）进行扩增，但一般昆虫基因组中缺乏 *RdRp* 蛋白基因。虽然基于 RNAi 的生物农药具有高效、特异性高等特点，但不可避免地存在许多风险，主要表现在以下几个方面。

①潜在非特异性结合影响。若靶标 RNAi 序列与非靶标生物同源性高，那么，该 RNAi 药物对非靶标生物的影响明显，这种非靶标效应包括非靶向昆虫、天敌和寄主植物。②害虫对 RNA 农药的抗性。害虫在不同程度上针对某些目标产生抗性。害虫可通过基因突变使 RNAi 出现脱靶现象，从而成功产生抗性。③环境因子对 RNAi 的影响。方璇等（2019）研究显示，温度与 RNAi 活性直接相关。

　　尽管，RNAi 在翻译过程中的作用已经被证明，然而，未来仍需要更多的研究去阐明这项技术，进而开发全新的生物农药。虽然不少事实已经证明，基于 RNAi 技术的生物农药发展潜力巨大、前景美好，是新兴的颠覆性前沿技术和植保领域未来重要的发展方向，尽管有关核酸农药技术的基础研究热潮不断提升，但核酸农药的产业化进程还相对滞后。目前，从广义概念上看，核酸农药可以分为两大模式：以转基因作物为主的植物源保护剂和非植物源保护剂。植物源保护剂主要是通过转基因的方式将具有农用活性的基因片段转入植物基因组中，最终以植物的形式进行生产使用，使得植物本身具有病虫害防御的附加功能。1995～2018 年，有 32 种植物源保护剂作物（玉米 13 种、棉花 9 种、大豆 5 种、土豆 3 种、其他 2 种）在美国环境保护署（EPA）注册，这些作物引入的基因大部分为苏云金芽孢杆菌（*Bt*）基因。令人鼓舞的是，2017 年 6 月 15 日，美国环境保护署批准了世界上第 1 例以 RNAi 方式杀虫的植物源保护剂作物 SmartStax® PRO（玉米，孟山都公司）。该转基因作物可以转录产生 240bp dsRNA，靶向鞘翅目害虫玉米根萤叶甲的 *Dvsnf7* 基因，而 *Dvsnf7* 基因产物参与组装 ESCRT-III（endosomal sorting complex required for transport III），如果 *Dvsnf7* 基因产物缺失将直接阻碍玉米根萤叶甲细胞膜物质的胞间转运，最终造成虫体发育迟缓和死亡。SmartStax® PRO 转基因玉米同时拥有 Bt 蛋白和 *Dvsnf7* dsRNA 基因片段，这一作物品种的批准揭示了以 RNAi 机制实现杀虫效果具有较高的可行性。相比于植物源保护剂，非植物源保护剂更注重核酸的非转基因属性，其本身是核酸粉末形式，可以通过多种方式如喷洒、注射、浸泡、纳米递送、病毒或共生性侵染等施用，最终实现对靶标生物的基因调控。在 *Dvsnf7* 基因被用于植物源保护剂作物前，体外转录的 *Dvsnf7* dsRNA 的杀虫效果也得到系统的验证。用体外转录的 *Dvsnf7* dsRNA 饲养玉米根萤叶甲后，幼虫在 24h 内对大于 60bp 的 dsRNA 表现出高效的吸收活性，虫体同时出现发育迟缓和死亡现象，直接证明体外饲用 dsRNA 可表现出杀虫活性，揭示非植物源保护剂在非转基因途径上的可操作性。

　　目前，已有研究正在尝试利用细菌或噬菌体来制造 RNA，替代试验室化学合成。Niehl 等（2018）利用噬菌体的 RNA 扩增系统产生了期望的 dsRNA 序列。像其他病毒一样，噬菌体不能独立完成全部的生物学功能，而是依靠入侵合适的活细胞进行繁殖。利用这一特点，研究人员将把噬菌体转化成一个小型的工厂，进而高效、大量地生产 dsRNA。

6.4 基因编辑害虫防治的研究进展及应用前景

基因组编辑技术是在生物基因组水平上对靶标序列进行定点编辑的一种重要手段，是进行功能基因组研究的重要工具。近年来，主要的基因组编辑技术有锌指核酸酶（zink finger nuclease，ZFN）技术、转录激活因子样效应物核酸酶（transcription activator-like effector nuclease，TALEN）技术以及成簇且规律间隔短回文重复序列和相关 Cas9 蛋白［clustered regulatory interspaced short palindromic repeat（CRISPR）-associated protein 9，CRISPR/Cas9］的 DNA 核酸内切酶系统等。这 3 种基因组编辑技术的基本原理都是通过在基因组特定位点对 DNA 进行切割，制造 DNA 双链断裂（double-strand breakage，DSB），从而诱导机体自身的 DNA 损伤修复机制，进而产生定点突变。

DNA 损伤修复机制在生物体内至关重要，起着稳定物种基因组的作用。基因组编辑技术的第一步就是制造双链断裂。双链断裂通常是依靠天然或人工核酸酶切割来完成的。这种核酸酶分为两大类：一类是天然存在的、能够识别较长序列的核酸酶，如归巢核酸酶；另一类是人工构建的核酸酶，如锌指核酸酶、转录激活因子样效应物核酸酶以及 CRISPR/Cas 系统。天然存在的核酸酶往往有严格的序列识别特异性，并且其靶向特异性很难通过人工手段来控制，因此应用较为局限。人工核酸酶是借助于工程化技术如锌指核酸酶技术和转录激活因子样效应物核酸酶技术，将能够靶向 DNA 的蛋白和核酸内切酶融合起来。而 CIRSPR/Cas9 系统则是工程化地改造细菌及古细菌中普遍存在的适应性免疫机制。

由于多种因素的影响，生物体在新陈代谢过程中会发生 DNA 损伤。为了避免由于双链断裂导致的基因组不稳定，生物体演化出了 3 种 DNA 损伤修复机制。第 1 种是非同源末端连接修复（non-homologous end joining repair）。非同源末端连接修复是指 DNA 双链断裂后通过直接连接的方式进行修复，主要发生在细胞周期的 G1 期，修复之后会造成 DNA 断裂位置处产生碱基的缺失插入等突变。如果是通过非同源末端连接修复的方式修复某种功能基因外显子时出现的 DNA 双链断裂，那么就有可能出现小的插入或者缺失突变之后导致移码突变，使基因的功能遭到破坏。第 2 种是同源重组（homologous recombination）修复。它是由位点特异性核酸酶参与的一种以同源链为模板的修复机制。同源重组修复可以实现单碱基的替换，也可以插入 1 个或多个基因。第 3 种是单链退火（single strand annealing，SSA）修复。单链退火修复会导致 1 个重复的单元被删除。当双链断裂位点附近有较长的重复序列时，经过核酸外切酶加工生成的单链末端会按照碱基互补配对原则相连接。一旦出现 DNA 双链断裂，生物体就会非常灵敏和高效地进行修复，因此研究人员建立起基于 DNA 损伤修复的基因组编辑技术。该技术是通过天然或人工核酸酶在基因组特定位点造成 DNA 双链断裂，生物体在进行修复的过程中出现碱基突变，从而对特定基因的功能进行破坏。

当病毒侵入时，CRISPR 表达与病毒基因组互补的指导 RNA（guide RNA，gRNA）和 Cas 蛋白，Cas 蛋白在 gRNA 的引导下与病毒基因组结合并切割病毒 DNA，以此来阻断病毒的入侵。这种防御系统通过 gRNA 实现了靶向位点特异性，同时 Cas 蛋白能够在特定位点处形成双链断裂，这与基因组编辑实现所必需的条件吻合。CRISPR 存在一个多态性基因家族，编码与 DNA 相互作用的核酸酶类，包括 Cas1～Cas10 等。现已在细菌中发现了 3 种不同类型（Ⅰ型、Ⅱ型、Ⅲ型）的 CRISPR/Cas 系统。Ⅱ型 CRISPR/Cas 系统与Ⅰ型 CRISPR/Cas 系统和Ⅲ型 CRISPR/Cas 系统不同，它只有一种 Cas9 蛋白参与前体非编码 RNA（Precursor non-coding RNA，pre-ncRNA）加工并与成熟的 crRNA 结合。Ⅱ型 CRISPR/Cas 系统现常用于基因组编辑，并已运用于各种模式生物的基因组编辑。CRISPR/Cas9 系统由 CRISPR 元件和 Cas9 蛋白组成。Cas9 蛋白由 1409 个氨基酸组成，含有两个核酸酶结构域：HNH 核酸酶结构域和 RuvC-like 结构域。HNH 核酸酶结构域位于蛋白质中间，RuvC-like 结构域位于氨基端，这两个结构域分别切割 DNA 的两条链。HNH 核酸酶结构域切割互补链，RuvC-like 结构域切割非互补链，从而完成双链的剪切。在转录过程中，除 pre-ncRNA 进行转录外，还有与 pre-ncRNA 重复序列互补的 tracrRNA 同时进行转录，继而激发 Cas9 和 dsRNA 特异性 RNaseⅢ核酸酶对 pre-ncRNA 进行加工。加工成熟的 crRNA 和 tracrRNA 的过程中融合成为 sgRNA。sgRNA 和 Cas9 蛋白组成功能性复合体对特定位点进行切割形成双链断裂。CRISPR/Cas9 系统识别序列为 23bp，并能靶向 20bp，其识别位点最末 3 位 NGG 序列被称作间区序列邻近基序（protospacer adjacent motif，PAM），该序列对于 DNA 切割非常重要。Cas9-sgRNA 复合体识别、结合及切割位点实现核酸酶剪切时，两条链采取的方式不同：互补链是在 PAM 上游 3 个碱基处实现精确的剪切，而非互补链可以在任意位置切割，并需要从 3'端到 5'端修剪到达相同的位置以形成平末端的切口。Cas9 蛋白与 sgRNA 结合能够实现在特定位点处切割 DNA，机体依靠非同源末端连接修复来产生突变，这是目前存在的最简单的 CRISPR/Cas 系统。

CRISPR/Cas9 系统虽然才被人们发现不久，但是已经受到诸多研究者的关注。基因编辑工具的开发除了能够加速对目的基因的研究效率，还能针对性地解析农业昆虫中重要分子靶标的功能、研究农业害虫灾变机制等，为害虫防治提供新思路。目前研究对象主要包括鳞翅目、直翅目、半翅目昆虫。提高基因编辑效率的方案有 3 种：①引入质粒载体，体外编码 Cas9 的 RNA 和 sgRNA；②注射质粒 sgRNA 相关 DNA 到转基因后的果蝇体内；③建立一个包含 Cas9-sgRNA 的转基因模型（殷玥等，2017）。Guo 等（2020）利用 CRISPR/Cas 系统敲除蝗虫气味受

体基因 *OR35*，结果显示，OR35$^{-/-}$突变体降低了 4-乙烯基苯甲醚对蝗虫的聚集行为，为飞蝗的防治提供了新策略。Bi 等（2016，2019）研究发现，向斜纹夜蛾胚胎中注射表达 Cas9 蛋白的 mRNA 和 *Slabd-A* 基因的 sgRNA，观察到幼虫虫体分节异常和表皮色素沉积异位的表型，进一步利用这项技术敲除斜纹夜蛾 *ebony* 基因以研究色素沉积的机制发现，色素沉积在鳞翅目昆虫化蛹过程中具有调控作用。Chang 等（2017）通过 CRISPR/Cas9 系统敲除雄性棉铃虫感受性信息素次要组分的气味受体基因 *HarmOR16*，导致雄性棉铃虫与未成熟的雌性棉铃虫交配，阐明棉铃虫次要性信息素成分可作为性信息素拮抗剂参与调控棉铃虫的最优交配时机。通过基因编辑技术将 *Oxitec* 基因插入蚊子体内，使得其后代未发育为成虫就死亡。转基因的埃及伊蚊被放入野外后，与雌蚊交配产生的后代无法活到成年，试验点的蚊子能减少 90%（殷玥等，2017）。Liu 等（2020）利用 CRISPR/Cas9 技术同时敲除小菜蛾两个气味受体基因，证实这两个蛋白共同识别异硫氰酸酯类化合物，解析了小菜蛾识别十字花科寄主植物的分子机制。这些是将基因编辑技术应用到害虫防治领域的一次尝试，其结果显示基因编辑作为一种新的害虫防治手段具有可行性。

CRISPR/Cas9 技术由于设计简单，深受广大科研工作者的青睐。该技术经过加工改造之后衍生出更多的基因编辑工具，如 dCas9、CRISPRi、xCas9 和 Cas13a 等系统，极大地丰富了调控和改造基因的手段。目前，CRISPR/Cas9 系统在昆虫体内的研究主要包括以下几个方向：①对基因编辑系统的优化，增加其编辑效率及降低脱靶效应；②基于该系统进行新型基因调控工具的开发；③对工业生产、农业生产、害虫防治等方面的转基因昆虫品系的构建；④重要基因的体内功能研究。

CRISPR/Cas9 系统在昆虫中的应用仍然有较多亟待解决的问题。例如，脱靶效应是基因编辑技术中无法绕过的难题。CRISPR/Cas9 系统依赖于 Cas9 核酸酶在 sgRNA 指导下在 PAM 位点的上游 3 个碱基的位点切割目标 DNA，但也会切割非靶标的位点（与 sgRNA 靶标位点序列相似，且具有 PAM 位点），这就造成所谓的脱靶（off-target），从而引起不可控的突变。因此，CRISPR 技术存在的脱靶效应（off-target effect）风险是影响 CRISPR 技术能否广泛应用的主要限制因素（章德宾等，2020）。目前，Wang 等（2013b）研究了通过优化 sgRNA 碱基偏好性和序列长度以降低脱靶效应，并且已经取得显著成效。除了对 sgRNA 进行优化，也可以针对 Cas9 蛋白进行优化。例如，通过修饰前 PAM 识别位点，扩充 Cas9 蛋白的潜在识别位点（Kleinstiver et al.，2015）或是直接使 Cas9 蛋白变得更具特异性（Slaymaker et al.，2016）。另外，利用噬菌体辅助的连续进化方式得到一个 SpCas9 变体，即 xCas9 蛋白，可以识别广泛的 PAM（包括 NG、GAA 和 GAT），并且脱靶效应更低（Hu et al.，2018）。这些发现扩大了 CRISPR 系统的 DNA 靶向范围，从而实现更高效地编辑。随着基因编辑技术研究手段的不断深入，越来越多CRISPR/Cas 家族成员的功能将被揭示，这些新技术的发展对昆虫的基因功能、病虫害防治、经济性昆虫改良等的研究具有举足轻重的作用。

科学家们一直致力于建立有害昆虫的遗传防控技术体系，并取得了一定成效（程英等，2020）。大多鳞翅目昆虫均为农林牧重要害虫，家蚕作为重要的经济昆虫和鳞翅目的模式昆虫，其基因组编辑具有重要意义。基于 CRISPR/Cas 系统的基因编辑技术在家蚕的基因组编辑中有极大的应用价值：①鳞翅目昆虫的 RNAi效果不稳定，利用 CRISPR/Cas 系统可有效开展基因定点敲除，为基因功能研究提供重要的研究手段；②可以通过基因定点敲除构建突变体，提供新型遗传材料；③实现基于 CRISPR/Cas 系统的定点敲入，可以把家蚕作为载体，构建新型的生物反应器，这将为纺织、医药卫生及军工等多个领域提供重要的仿生材料等。但Cas9 系统本身具有局限性，尚需进一步优化，以实现 CRISPR/Cas 系统范围更广、调控更为精确的基因编辑（张启超等，2018）。

基于基因编辑技术的基因驱动技术能使有害突变在害虫群体中快速扩散或替代原有基因座，在短时间内达到控制害虫种群的目的。灵活应用现有的技术开发高效的、鳞翅目昆虫适用的基因编辑的技术体系，利用基因编辑技术对鳞翅目昆虫遗传资源进行深度挖掘，从而加速昆虫生理生化、遗传代谢、行为机理解析，加快新型经济昆虫的开发、昆虫不育系的制备、绿色害虫防控体系的建立等。

主要参考文献

程英, 靳明辉, 萧玉涛. 2020. 鳞翅目昆虫基因编辑技术研究进展[J]. 生物技术通报, 36(3): 18-28.

方璇, 王健, 王彬, 等. 2019. 杉木 N、P 代谢对模拟土壤增温及隔离降雨的响应[J]. 生态学报, 39(10): 3526-3536.

高沥文, 陈世国, 张裕, 等. 2022. 基于 RNA 干扰的生物农药的发展现状与展望[J]. 中国生物防治学报, 38(3): 700-715.

侯雅芹, 南楠, 李镇宇. 2009. 舞毒蛾研究进展[J]. 河北林果研究, 24(4): 439-444.

王治文, 高翔, 马德君, 等. 2019. 核酸农药: 极具潜力的新型植物保护产品[J]. 农药学学报, 21(Z1): 681-691.

魏佳宁, 王宪辉, 孙玉诚, 等. 2012. 害虫的遗传与行为调控[J]. 应用昆虫学报, 49(2): 299-308.

薛绪亭, 孙丽丽, 刘鹏, 等. 2016. 表达 LdCYP6B53 果蝇品系建立及对杀虫剂的敏感性[J]. 中国农学通报, 32(19): 97-101.

殷玥, 李媛媚, 黄娟, 等. 2017. 基因编辑技术在害虫防治中的应用[J]. 科技视界, (12): 51, 42.

张启超, 刘龙海, 陈旭, 等. 2018. 新型 CRISPR/Cas 基因编辑系统的研究与应用进展[J]. 蚕业科学, 44(3): 474-480.

章德宾, 罗瑶, 陈文进. 2020. 基因编辑技术发展现状[J]. 生物工程学报, 36(11): 2345-2356.

Baum J A, Bogaert T, Clinton W, et al. 2007. Control of coleopteran insect pests through RNA interference[J]. Nature Biotechnology, 25: 1322-1326.

Bautista M A M, Miyata T, Miura K, et al. 2009. RNA interference-mediated knockdown of a cytochrome P450, *CYP6BG1*, from the diamondback moth, *Plutella xylostella*, reduces larval resistance to permethrin[J]. Insect Biochemistry and Molecular Biology, 39: 38-46.

Bi H L, Xu J, He L, et al. 2019. CRISPR/Cas9-mediated ebony knockout results in puparium melanism in *Spodoptera litura*[J]. Insect Science, 26(6): 1011-1019.

Bi H L, Xu J, Tan A J, et al. 2016. CRISPR/Cas9-mediated targeted gene mutagenesis in *Spodoptera litura*[J]. Insect Science, 23(3): 469-477.

Bulmer M S, Bachelet I, Raman R, et al. 2009. Targeting an antimicrobial effector function in insect immunity as a pest control strategy[J]. Proceedings of the National Academy of Sciences of the United States of America, 106(31): 12652-12657.

Cao C W, Liu G F, Wang Z Y, et al. 2010. Response of the gypsy moth, *Lymantria dispar* to transgenic poplar, *Populus simonii* × *P. nigra*, expressing fusion protein gene of the spider insecticidal peptide and *Bt*-toxin C-peptide[J]. Journal of Insect Science, 10: 200-212.

Cao C W, Sun L L, Gao C Q, et al. 2015b. dsRNA of *CYP6B53* in *Lymantria dispar* and its application into non-pollution control: CN201510054279.6[P]. 2015-04-29[2015-04-29]. https://www.cnipa. gov.cn/.

Cao C W, Sun L L, Niu F, et al. 2016. Effects of phenol on metabolic activities and transcription profiles of cytochrome P450 enzymes in *Chironomus kiinensis* larvae[J]. Bulletin of Entomological Research, 106(1): 73-80.

Cao C W, Sun L L, Wen R R, et al. 2015a. Characterization of the transcriptome of the Asian gypsy moth *Lymantria dispar* identifies numerous transcripts associated with insecticide resistance[J]. Pesticide Biochemistry and Physiology, 119: 54-61.

Carvalho R A, Omoto C, Field L M, et al. 2013. Investigating the molecular mechanisms of organophosphate and pyrethroid resistance in the fall armyworm *Spodoptera frugiperda*[J]. PLoS ONE, 8(4): e62268.

Chang H T, Liu Y, Ai D, et al. 2017. A pheromone antagonist regulates optimal mating time in the moth *Helicoverpa armigera*[J]. Current Biology, 27(11): 1610-1615.e3.

Duvaux L, Geissmann Q, Gharbi K, et al. 2015. Dynamics of copy number variation in host races of the pea aphid[J]. Molecular Biology and Evolution, 32(1): 63-80.

Elkinton J S, Liebhold A M. 1990. Population dynamics of gypsy moth in North America[J]. Annual Review of Entomology, 35: 571-596.

Ellango R, Asokan R, Chandra G S, et al. 2018. Tyrosine hydroxylase, a potential target for the RNAi-mediated management of diamondback moth (*Lepidoptera*: *Plutellidae*)[J]. Florida Entomologist, 101(1): 1-5.

Guo W, Wang X H, Ma Z Y, et al. 2011. *CSP* and *takeout* genes modulate the switch between attraction and repulsion during behavioral phase change in the migratory locust[J]. PLoS Genetics, 7(2): e1001291.

Guo X J, Yu Q Q, Chen D F, et al. 2020. 4-Vinylanisole is an aggregation pheromone in locusts[J]. Nature, 584(7822): 584-588.

Heckel D G. 2003. Genomics in pure and applied entomology[J]. Annual Review of Entomology, 48(1): 235-260.

Hu J H, Miller S M, Geurts M H, et al. 2018. Evolved Cas9 variants with broad PAM compatibility and high DNA specificity. Nature, 556(7699): 57-63.

Hu L, Lu H, Liu Q L, et al. 2005. Overexpression of *MtlD* gene in transgenic *Populus tomentosa* improves salt tolerance through accumulation of mannitol[J]. Tree Physiology, 25(10):

1273-1281.

Huang G Z, Allen R, Davis E L, et al. 2006. Engineering broad root-knot resistance in transgenic plants by RNAi silencing of a conserved and essential root-knot nematode parasitism gene[J]. Proceedings of the National Academy of Sciences of the United States of America, 103(39): 14302-14306.

Hunter W B, Glick E, Paldi N, et al. 2012. Advances in RNA interference: dsRNA treatment in trees and grapevines for insect pest suppression[J]. Southwestern Entomologist, 37(1): 85-87.

Huvenne H, Smagghe G. 2010. Mechanisms of dsRNA uptake in insects and potential of RNAi for pest control: a review[J]. Journal of Insect Physiology, 56(3): 227-235.

Ivashuta S, Zhang Y J, Wiggins B E, et al. 2015. Environmental RNAi in herbivorous insects[J]. RNA, 21(5): 840-850.

Jin S X, Singh N D, Li L B, et al. 2015. Engineered chloroplast dsRNA silences *cytochrome p450 monooxygenase*, *V-ATPase* and *chitin synthase* genes in the insect gut and disrupts *Helicoverpa armigera* larval development and pupation[J]. Plant Biotechnology Journal, 13(3): 435-446.

Kleinstiver B P, Prew M S, Tsai S Q, et al. 2015. Broadening the targeting range of *Staphylococcus aureus* CRISPR-Cas9 by modifying PAM recognition[J]. Nature Biotechnology, 33(12): 1293-1298.

Lazarević J, Perić-Mataruga V, Ivanović J, et al. 1998. Host plant effects on the genetic variation and correlations in the individual performance of the Gypsy Moth[J]. Functional Ecology, 12(1): 141-148.

Li H C, Guan R B, Guo H M, et al. 2015. New insights into an RNAi approach for plant defence against piercing-sucking and stem-borer insect pests[J]. Plant, Cell & Environment, 38(11): 2277-2285.

Liebhold A, Gottschalk K, Muzika R, et al. 1995. Suitability of North American tree species to the gypsy moth: a summary of field and laboratory tests[J]. USDA Forest Service, Northeastern Forest Experiment Station, General Technical Report NE-211.

Liu F, Wang X D, Zhao Y Y, et al. 2015. Silencing the *HaAK* gene by transgenic plant-mediated RNAi impairs larval growth of *Helicoverpa armigera*[J]. International Journal of Biological Sciences, 11(1): 67-74.

Liu X L, Zhang J, Yan Q, et al. 2020. The molecular basis of host selection in a crucifer-specialized moth[J]. Current Biology, 30(22): 4476-4482.e5.

Luo J, Liang S J, Li J Y, et al. 2017. A transgenic strategy for controlling plant bugs (*Adelphocoris suturalis*) through expression of double-stranded RNA homologous to fatty acyl-coenzyme A reductase in cotton[J]. New Phytologist, 215(3): 1173-1185.

Mao Y B, Cai W J, Wang J W, et al. 2007. Silencing a cotton bollworm P450 monooxygenase gene by plant-mediated RNAi impairs larval tolerance of gossypol[J]. Nature Biotechnology, 25(11): 1307-1313.

Mao Y B, Tao X Y, Xue X Y, et al. 2011. Cotton plants expressing *CYP6AE14* double-stranded RNA show enhanced resistance to bollworms[J]. Transgenic Research, 20(3): 665-673.

Mayr C, Hemann M T, Bartel D P. 2007. Disrupting the pairing between let-7 and Hmga2 enhances oncogenic transformation[J]. Science, 315(5818): 1576-1579.

Niehl A, Soininen M, Poranen M M, et al. 2018. Synthetic biology approach for plant protection using dsRNA[J]. Plant Biotechnology Journal, 16(9): 1679-1687.

Niu Q W, Lin S S, Reyes J L, et al. 2006. Expression of artificial microRNAs in transgenic *Arabidopsis thaliana* confers virus resistance[J]. Nature Biotechnology, 24(11): 1420-1428.

Richards E H, Dani M P, Bradish H. 2013. Immunosuppressive properties of a protein (rVPr1) from the venom of the endoparasitic wasp, *Pimpla hypochondriaca*: mechanism of action and potential use for improving biological control strategies[J]. Journal of Insect Physiology, 59(2): 213-222.

Shang Q L, Pan Y O, Fang K, et al. 2014. Extensive *Ace2* duplication and multiple mutations on *Ace1* and *Ace2* are related with high level of organophosphates resistance in *Aphis gossypii*[J]. Environmental Toxicology, 29(5): 526-533.

Sharif M N, Iqbal M S, Alam R, et al. 2022. Silencing of multiple target genes via ingestion of dsRNA and PMRi affects development and survival in *Helicoverpa armigera*[J]. Scientific Reports, 12: 10405.

Slaymaker I M, Gao L Y, Zetsche B, et al. 2016. Rationally engineered Cas9 nucleases with improved specificity[J]. Science, 351(6268): 84-88.

Sun L L, Wang Z Y, Zou C S, et al. 2014. Transcription profiling of 12 Asian gypsy moth (*Lymantria dispar*) cytochrome *P450* genes in response to insecticides[J]. Archives of Insect Biochemistry and Physiology, 85(4): 181-194.

Tang W X, He Y H, Tu L L, et al. 2014. Down-regulating annexin gene *GhAnn2* inhibits cotton fiber elongation and decreases Ca^{2+} influx at the cell apex[J]. Plant Molecular Biology, 85(6): 613-625.

Tao X Y, Xue X Y, Huang Y P, et al. 2012. Gossypol-enhanced *P450* gene pool contributes to cotton bollworm tolerance to a pyrethroid insecticide[J]. Molecular Ecology, 21(17): 4371-4385.

Thakur N, Upadhyay S K, Verma P C, et al. 2014. Enhanced whitefly resistance in transgenic tobacco plants expressing double stranded RNA of *v-ATPase A* gene[J]. PLoS ONE, 9(3): e87235.

Wang H, Coates B S, Chen H, et al. 2013a. Role of a γ-aminobutryic acid (GABA) receptor mutation in the evolution and spread of *Diabrotica virgifera virgifera* resistance to cyclodiene insecticides[J]. Insect Molecular Biology, 22(5): 473-484.

Wang H Y, Yang H, Shivalila C S, et al. 2013b. One-step generation of mice carrying mutations in multiple genes by CRISPR/Cas-mediated genome engineering[J]. Cell, 153(4): 910-918.

Wang X H, Fang X D, Yang P C, et al. 2014. The locust genome provides insight into swarm formation and long-distance flight[J]. Nature Communications, 5: 1-9.

Xia X F, Zheng D D, Zhong H Z, et al. 2013. DNA sequencing reveals the midgut microbiota of diamondback moth, *Plutella xylostella* (L.) and a possible relationship with insecticide resistance[J]. PLoS ONE, 8(7): e68852.

Xiong Y H, Zeng H M, Zhang Y L, et al. 2013. Silencing the *HaHR3* gene by transgenic plant-mediated RNAi to disrupt *Helicoverpa armigera* development[J]. International Journal of Biological Sciences, 9(4): 370-381.

Yan S, Qian J, Cai C, et al. 2020. Spray method application of transdermal dsRNA delivery system for efficient gene silencing and pest control on soybean aphid *Aphis glycines*[J]. Journal of Pest Science, 93(1): 449-459.

You M S, Yue Z, He W Y, et al. 2013. A heterozygous moth genome provides insights into herbivory and detoxification[J]. Nature Genetics, 45(2): 220-225.

Zhu J Q, Liu S M, Ma Y, et al. 2012. Improvement of pest resistance in transgenic tobacco plants expressing dsRNA of an insect-associated gene *EcR*[J]. PLoS ONE, 7(6): e38572.